教育部人文社会科学研究青年基金项目
建设工程合同制度的法律适用问题研究（12YJC820136）

建设工程合同理论与实践研究

张继承 著

·广州·

图书在版编目（CIP）数据

建设工程合同理论与实践研究/张继承著. —广州：华南理工大学出版社，2017.9
ISBN 978-7-5623-5385-0

Ⅰ. ①建… Ⅱ. ①张… Ⅲ. ①建筑工程－经济合同－管理－研究 Ⅳ. ①TU723.1

中国版本图书馆 CIP 数据核字（2017）第 206344 号

Jianshe Gongcheng Hetong Lilun yu Shijian Yanjiu
建设工程合同理论与实践研究
张继承 著

出 版 人： 卢家明
出版发行： 华南理工大学出版社
（广州五山华南理工大学 17 号楼，邮编 510640）
http://www.scutpress.com.cn　　E-mail：scutc13@scut.edu.cn
营销部电话：020－87113487　87111048（传真）
策划编辑： 王 磊
责任编辑： 陈 尤 王 磊
印 刷 者： 广州市穗彩印务有限公司
开　　本： 787mm×960mm　1/16　**印张：** 13.75　**字数：** 223 千
版　　次： 2017 年 9 月第 1 版　2017 年 9 月第 1 次印刷
印　　数： 1～1 000 册
定　　价： 42.00 元

前　言

建设工程合同与承揽合同分离调整，是我国合同法的一大特色，极大地丰富了合同法理论。但是，与合同法总则研究的繁荣相比，建设工程合同的研究未得到应有的重视，实务中则表现为缺乏理论的有效指导。本书拟以建设工程合同制度作为研究对象，针对司法实践中遇到的有关建设工程合同的重大问题，运用历史的、比较的、规范分析和实证分析的法学研究方法，对之进行较为深入、系统的理论研究和探讨，力求为我国建设工程合同领域的立法、制度实施和审判实务提供一定的参考意见。

按照类型化理论，某种合同得以典型化的原因是该类合同纠纷应呈多发性或常态性，导致原有调整规范的涵摄力大幅减弱，不周延性日渐凸显。我国建设工程合同的制度设计，摆脱了承揽合同思维的窠臼，是类型化思维的成功典范。从立法效果上看，其强化当事人的社会责任，并施以严格的法律外部管制；其立法政策重在保护合同所涉及的社会公共利益。可以说，我国在这一领域的立法，在某种自觉与不自觉中，领导了世界新潮流。

建设工程合同是除买卖合同以外最主要的合同类型，涉及的法律关系比买卖合同更为复杂。由于我国有关法律规定较为简略，且某些规定在司法适用中存在较大分歧，导致工程建设领域大量新情况、新问题无法得到妥善的解决。究其原因，乃对建设工程合同的商事性和特殊性缺乏足够的认识。故本书以此为主线，选取建设工程合同的成立、效力、履行和违约救济等争议较大的问题加以探讨。

本书由引论、正文、后记三部分构成。

引论部分重点阐述建设工程合同与承揽合同分离调整的原因，并扼要分析了本书的研究意义和研究现状，重新界定了建设工程合同的内涵，同时简单介绍了本书的研究方法和体系架构。

正文分为四章：第一章为“建设工程合同的成立”。按照我国《招标投标法》的规定，建设工程合同的缔结必须经历招标投标这个法定程序。本章以我国招投标法为分析视角，分别探讨了建设工程合同缔结方式的法律机制，建设工程合同招投标制度存在的问题及其解决、建设工程合同成立的法律效力等问题。第二章为“建设工程合同的效力判断”。由于建设工程合同受到法律管制，与合同法总则的一般规定大有出入，对建设工程合同的效力有重大影响。为此，本章主要探讨了以下问题：一是国家强制对建筑工程合同效力的影响；二是资质缺失及超越与建设工程合同效力的关系；三是建设工程黑白合同问题及其解决；四是建设工程合同无效的法律后果。第三章为“建设工程合同的履行”。建设工程合同的履行主要涉及工期、质量和价款三大法律因素。由此，本章探讨了建设工程的转包与分包、情势变更原则在建设工程合同中的适用、建设工程合同的强制履约保证三个方面问题。第四章为“建设工程合同工程款优先受偿权的司法适用”。本章主要探讨了两个问题：一是关于建设工程款优先受偿权司法适用中存在的问题；二是建设工程款优先受偿权与商品房消费者请求权的冲突与解决问题。后记部分总结了研究建设工程合同制度的一些体会。本研究希望能对我国建设工程合同的立法、制度实施以及审判实务工作起到一定的参考作用。

张继承

目录

目录

目录

引 论

一、研究对象

我国《合同法》将建设工程合同独立于承揽合同，列为合同法分则的典型合同之一，以专门规范对建设工程承揽这一特殊承揽关系进行调整。然而由于此种建设工程合同独立调整属于一种新的立法模式，又因建设工程合同本身具有复杂性，理论研究尚未深入，难免在法律适用过程中产生诸多争论，首当其冲的就是建设工程合同的界定。本书意图对建设工程合同纠纷案件中存在重大争议的法律问题进行探讨，以期梳理和厘清理论上以及法律适用中的困惑。

（一）合同法上建设工程合同的理解

我国《合同法》第269条规定："建设工程合同是承包人进行工程建设，发包人支付价款的合同。建设工程合同包括工程勘察、设计、施工合同。"根据上述条文，可以将建设工程合同的特征概括如下：

（1）建设工程合同的一方主体（即建设单位）是固定的，实务中又称其为甲方、业主或者发包人，另外一方主体则随其业务不同称之为勘察人、设计人、施工单位或总承包人，实务中又称之为乙方或承包人。

（2）建设工程合同目前有工程勘察、设计和施工合同三类。这是因为工程建设一般分为三个阶段，即勘察、设计、施工。勘察合同，是建设单位与勘察人就建设工程所涉及的地理、地质状况的调查研究工作而达成的协议，是处理建设单位与勘察人之间关系的依据。设计合同是建设单位与设计人就工程施工设计工作所达成的协议，一般会存在两个合同，一是初步设计合同，即在工程建设立项阶段，设计方为建设单位的项目决策提供可行性资料的设计工作而与之签订的协议；二是施工设计合同，是指在设计方就具体施工设计工作与建设单位达成的协议。施工合同一般包括土木建筑和设备安装两大内容，所谓土木建筑是指建造主体工程架构的行为，所谓安装设备是指装配与工程有关的线路、管道、设备等设施的行为。

（3）建设工程合同之标的是建设工程。我国立法对“建设工程”没有作出清晰的界定，理论与实务中都对此存有较大争议。比如对建设工程合同的标的仅限于基本建设工程，还是包括所有“建设工程”，而不仅限于基本建设工程，大多莫衷一是。笔者认为，对我国《合同法》所调整的“建设工程”进行明确界定，是厘清“建设工程合同”适用范围的基础。

（二）建设工程范畴的界定

由于建设工程合同是从承揽合同分离的，因此合同法理论与司法实践对“建设工程合同”的适用范围，看法不一。

1. 理论争议与实务困惑

在我国《合同法》颁布之前，在合同法的理论研究中，我国学者普遍认同苏联民法，将建设工程合同一直都称为基本建设工程合同。①《合同法》实施之后，虽然立法改采“建设工程合同”这一新的法典用语，但仍有学者认为“建设工程”就是“基本建设工程”。② 只要非所谓建造基本建设项目的一般建设工程合同，都应属于承揽合同，比如个人建造住房合同，即是承揽

---

① 参见王家福、谢怀拭、余鑫等：《合同法》，中国社会科学出版社，1986 年，第 261 页；郭明瑞、王轶在其所著的《合同法新论·分则》中认为，建设工程合同的标的仅限于基本建设工程，为完成不构成基本建设工程的一般工程的建设项目而订立的合同，不属于工程建设合同（参见《合同法新论·分则》，中国政法大学出版社，1997 年，第 238 页）。

② 参见何伯洲：《建设工程合同事务指南》，知识产权出版社，2002 年，第 1 页。

合同，而非建设工程合同。[①] 在他们看来，“建设工程合同”只适用于因完成基本建设工程而签订的建设工程合同。在司法实践中，基本的认识是，能称为《合同法》意义上的建设工程，一般须为投资较大、技术复杂的项目，因为无论是《建筑法》还是《合同法》均规定，承包方必须是具有相应资质的建筑企业。对于那些投资小、技术简单的建设工程，因承包人主体资格未严格要求必须为具有相应资质的建筑企业，所以不宜认定为《合同法》上的建设工程，应当按《合同法》有关承揽合同的规定来处理。[②] 当然，司法实践中也存在不同的认识，指出我国《合同法》其实并未限定“建设工程”的范围，故只要是因工程建设而签订的勘察、设计、施工合同均应当纳入“建设工程合同”的调整范围，以工程的大小和投资的多寡作为标准来区分建设工程合同与承揽合同是没有任何道理的。

分析上述学者们的不同认识，不难看出，之所以对建设工程合同适用范围存在重大争论，是因为我国《合同法》对“建设工程合同”这一新法典术语缺乏准确界定。我国《合同法》第 269 条是这样规定的：“建设工程合同是承包人进行工程建设，发包人支付价款的合同。建设工程合同包括工程勘察、设计、施工合同。”殊不知，本条存在同语反复的问题。根据法学方法论的指引，定义的目的在于准确的确定概念的内涵与外延[③]。我国《合同法》将“建设工程”仅仅界定为“承包人进行工程建设”，就是用“工程建设”来限定“建设工程”，造成循环定义。定义的一个基本规则是要尽可能地避免循环定义，虽然实际上不可能对所有的东西进行定义，因为这样必然导致循环定义。故每一个定义都需要有一系列不能再定义的基础概念。[④] 我国《合同法》用“工程建设”来限定“建设工程”，根本未能成功揭示建设工程合同的本质特征，实际上等于没有定义。因为将“工程建设”限定为“建

---

① 参见谢怀栻：《合同法原理》，法律出版社，2000 年，第 39、85、465 页。

② 参见王建东：《建设工程合同法律制度研究》，中国法制出版社，2004 年，第 10 页。

③ 关于“定义的目的是什么”有四种学说：其一，定义的目的是为了确定本质；其二，定义的目的是为了确定概念；其三，定义的目的是为了规定一个符号的意义，这个符号可以是一个词或一个概念；其四，定义的目的是规定一个符号应在什么意义上使用（参见梁慧星：《民法解释学》，中国政法大学出版社，2000 年，第 81 页）。本书认为，对建设工程合同的定义，目的是在于确定建设工程合同应该在什么意义上使用，也即建设工程合同的适用范围，而要确定适用范围，就必须概念内涵清楚、外延确定。

④ 参见梁慧星：《民法解释学》，中国政法大学出版社，2000 年，第 87 页。

设工程合同”一方主体即建设单位行为的基础概念，本身就高度具有模糊性和不确定性，而“工程建设”一词亦非不能再定义的基础概念，有待进一步加以限定。有鉴于此，笔者认为《合同法》对“建设工程合同”的界定有失妥当，这是造成围绕“建设工程合同”的适用范围产生争论的重要原因。

诚然，中华人民共和国成立初期曾全面否定国民政府时期实施的“六法全书”，转而移植苏联的法律制度，并发扬光大。就合同法律制度而言，我国很早就正式确认了作为基本建设合同的勘察、设计和工程承包合同，比如原国家基本建设委员会（现住房与建设部）制定的《建筑安装工程合同试行条例》《勘察设计合同试行条例》，第一次在规范性法律文件中采用了“基本建设合同”这一概念。[①] 1982 年开始实施的《经济合同法》第 18 条规定了“建设工程承包合同”，包括勘察、设计、建筑、安装合同。此后，国务院又在 1983 年制定并发布了《建设工程勘察设计合同条例》《建筑安装工程承包合同条例》，至此建设工程合同已经作为一项独立法律制度而存在。1999 年《中华人民共和国合同法》进一步将建设工程合同确定为有名合同，在该法第十六章专门规定了“建设工程合同”，首次将“建设工程合同”概念作为法典用语。遗憾的是，我国合同法走得还不够彻底，因为虽然其将建设工程合同独立于承揽合同单列一章，但仍坚持认为建设工程合同是一种承揽合同，只是存在特殊之处而已。关于这一点，可以从该法第 287 条之规定推之，“本章没有规定的，适用承揽合同的有关规定。”我国合同法律制度肯定建设工程合同是特殊类型的承揽合同，理论上均无异议。

结合前文考察，世界上多数国家的立法例，并没有把建设工程合同从承揽合同中分离出来，单独列为有名合同，因此很难找到关于建设工程适用范围的讨论。

前述第一种观点是从我国《合同法》的立法精神出发，指出我国之所以把建设工程合同单独列为有名合同的原因在于基本建设工程对国家和社会有特殊的意义，且对合同双方当事人有严格要求，这是建设工程合同得以独立的原因。[②] 而普通的家庭装修、农民个人住房建造等小型工程建设仍应适用

---

① 柴振国、何秉群：《合同法研究》，警官教育出版社，2000 年，第 478 页。

② 何志：《合同法分则判解研究与适用》，人民法院出版社，2002 年，第 373 页。

承揽合同。接受这种观点的学者为数不少，使之俨然成为主流观点。我们必须知道，我国《合同法》对建设工程合同的发包人并未限定，认为建设工程合同只限制在基本建设工程的观点是没有法律依据的。而普通的家庭装修、农民个人房屋建造等小型工程从实质意义上来讲，其实也是“建设工程”，那么如何区分“基本建设工程”和“小型工程”，就成为一个很大的问题。是否仅以工程建设的标的数额来作为判断依据呢？无法否认的是，随着社会经济的发展，普通的家庭装修、农民个人房屋建造等的标的数额动辄上百万，仍然认为它们属于小型工程似有不当。以标的数额大小作为标准来划分适用不同的法律制度，势必会造成司法实践的混乱。前述第二种观点从合同主体是否具备相应资质出发，认为对有资质承包人缔结的合同为建设工程合同，反之为承揽合同，这种看法貌似有一定道理，但是此种观点犯了一个常识性错误，即认为公法主体所从事的行为都是公法行为。前述第三种观点，从我国现行立法逻辑出发，认为《合同法》既然未曾限定“建设工程”的范围，那么“建设工程合同”应适用于一切因“工程建设”而签订的勘察、设计、施工合同。此种认识在很大程度上，确实有利于区分建设工程合同和其他承揽合同，也有利于适用法律的统一，是富有逻辑性的。然而，不管建设工程合同的主体差异、标的数额大小，一概列入建设工程合同调整范围，根本没有考虑到建设工程合同范围之庞大，这种观点不具备现实合理性。

应当在区别两种合同性质的基础上，进一步强调只有符合以下条件才可列入建设工程合同法律制度调整范围：其一，必须经过政府有关职能部门审批，这是国家法律的强制性要求；其二，必须达到一定的标的数额，这是现实的需要。①

从司法实践角度来看，由于对建设工程合同范畴界定不清，审判工作中的误区也不少。如前所述，在理论研究中主要有两种观点，主流观点认为建设工程合同系特殊的加工承揽合同，两者无本质区别；另一种观点认为建筑工程合同有着显著的特征，已经摆脱加工承揽合同的范畴独立成为合同的一种类型。

① 有关本问题的讨论请参见本书在研究范围部分的分析。

在审判实务中，关于建设工程合同的范畴也不无疑问。最高人民法院在其权威期刊上发布的山东省烟台新东方商城实业发展有限公司与江苏省镇江市华东化工电力设备厂管辖权争议一案的案例，[①] 认为建设工程合同与承揽合同区别在于：①合同标的仅限于基本建设工程，即属于不动产项目，主要包括作为基建工程的各类建筑物、地下设施、附属设施的建造，以及对线路、管道、设备进行的安装工程等等；而承揽合同一般都是完成动产项目的合同；②合同的主体受到限制，只能是法人；③合同具有较强的国家管理性，其订立、履行的国家干预色彩较浓；④合同具有要式性，即必须采用书面形式。

作为一个区分承揽合同和建筑工程合同性质的典型案例，一出台就得到了全国法院的广泛关注，但由于错误的归纳区分要素，导致了各地在理解适用上存在极大的偏差。其原因就在于未从双方当事人真实意思表示的合同内容、合同主要义务与合同性质的关联性等内在本质发掘合同性质的认定标准，而只是将两类合同的外部特征简单罗列即作为划分的依据。

上述案例中的理由有其合理的成分，但客观上是缩小了建设工程合同的范围。其一，何谓基本建设工程？此概念是计划经济时代的产物，只有国家投资的、列入国民经济发展计划的、重大影响国计民生的工程项目才是基本建设合同。随着社会经济的变化，此概念的核心内容已经产生了巨大变化，仍以“基本”来限制建设工程，是否表示不属于“基本”的建设工程就不纳入建设工程合同法律制度调整范围呢？此为其局限性之一。其二，将建设工程合同的主体仅限于法人，其认识的切入角度是错误的。难道合伙组织作为发包方建设一栋大楼就不属于建设工程合同的主体？对主体的限制应该包括对其市场准入资格的资质限制，但对于资质的授予主体也应包括自然人，以及因资质级别差异对其参与工程建设的限制。其三，此种认识仍然强调局限于要式性，对建筑工程合同的要式性要求认识不足，未充分考虑建筑工程合同在未有书面合同签订情况下的效力问题。虽然《合同法》明确规定了建筑

---

① 案例名称：烟台新东方商城实业发展有限公司与江苏省镇江市华东化工电力设备厂管辖权争议
案号：(2000) 民终字第76号
审理法院：中华人民共和国最高人民法院
判决日期：2000－12－26

工程合同必须采用书面形式，但是《最高人民法院关于审理建设工程施工合同纠纷案件适用法律问题的解释》第1条却将未签订书面合同的建筑工程合同情形排除在无效合同的三种情形之外，从鼓励经济交易的角度，宣布了无书面形式的建筑工程合同同样可以得到司法的认可。

根据最高人民法院关于合同性质的批示中明确的规定，合同性质无法确定的，应当以合同的主要内容、合同履行的主要义务综合因素等考虑合同的性质。因此辨别承揽合同与建筑工程合同的区别主要从以下四个方面着手：①合同的主要权利义务：交付符合定作人要求的承揽成果和获得承揽报酬；②合同标的：承揽行为；③合同的单方意志性：整个承揽行为均贯彻了定作人的意志，定作人可以随时修改、调整承揽指令，并享有法定单方解除合同等权利；④承揽人主体变更的意思自治：承揽人应当自行完成主要工作，但法律并不禁止第三人代为履行义务。

2. 关于建设工程合同的标的物

与承揽合同相比较而言，建设工程合同的标的物具有以下特点：

首先，建设工程标的物具有空间固定性。众所周知，建设工程一经完成，在空间上必为固定，不可移动。因此建设工程的建造必须与当地的气象、工程地质和水文地质等自然条件相适应；建设工程的构造、外观设计、选用的材料及构件，乃至施工方法、施工机械和技术组织措施等方案的选择，都必须因地制宜，结合当地的自然和技术经济条件来考察。承揽合同的标的物，其性质为可移动物，不具有固定性，所以其生产受地区性影响较小。

其次，建设工程标的物具有单体性和使用长期性。因建设工程标的物具有空间固定性，其往往表现为单体性的特征，基本上是独一无二的。任何一项建设工程的标的物，都是根据建设单位的特定要求而专门设计，并在建设单位指定的地点独立建造的，只能谓之“定做”，不能“批量”生产。基于建设工程合同标的物的用途不同，建设工程的设计在总体规划、等级、造型、结构、内容、建筑材料、规模、标准、装饰和附属设施的选用等诸方面也就各有千秋。即使是用途近似的建设工程，按相同标准设计进行建造，其

局部构造、内部结构和施工技术措施等方面也会随建造时间、地质条件和水文情况以及当地气候等自然条件和现有社会经济技术条件的变化而有所不同。由于建设工程的标的物属于不可消耗物，其使用期限往往很长。就承揽合同而言，则不具有这些显著特征。

再次，建设工程标的物之建造具有长期性和程序复杂性。建设工程的建造周期较长，涉及的法律关系较为复杂。建设工程一旦启动，从土地征用、房屋拆迁安置迁、青苗和树木赔偿费、三通一平，到供电增容、规划报建、地质勘探、工程设计、环境影响评价、招标投标、土建施工、设备安装、竣工验收，其法律关系必然表现出复杂性。

从我国现行法律规定来看，“建设工程”一词的使用并不严谨。合同法对此未作清晰界定，相关行政法规与规章同样如此，往往“建设工程”与“建筑工程”交叉使用，不加区分，这已形成法律适用上的混乱状态。从我国合同法理论研究看来，相关论著中也没有对建设工程内涵和外延予以详细阐述，有意无意地回避这一问题。由于立法层面与理论研究的不足，进一步直接影响到司法审判对建设工程合同的正确认定。

具体来看，在法律层面上，我国《建筑法》第 2 条第 2 款规定：“本法所称建筑活动，是指各类房屋建筑及其附属设施的建造和与其配套的线路、管道、设备的安装活动。”从本条规定分析可知，建筑活动是指房屋建筑及其附属设施的建造和与其配套的线路、管道、设备的安装活动，其客体仅为房屋建筑。按此规定，建筑法的适用范围极其有限。按照国内有些学者的介绍，德国巴伐利亚州《建筑法》第 1 条规定，该法的调整范围涵括了所有建筑设施（包括土地）及建筑材料；其中所谓的建筑设施是指建筑物及地上定着物，该法第 2 条第 1 款明确规定建筑设施是指“所有与土地直接相连接，由建筑材料所组成的设施，原则上包含公、私部门的建筑设施”。德国《联邦建筑法》第 29 条第 1 款第 1 项规定同样如此，其所界定的建筑设施是指以长久存在的方法与土地相连的人工设施。[1]

在行政法规与规章层面上，国务院于 2000 年根据《建筑法》的有关规

① 陈浩文：《涉外建筑法律实务》，法律出版社，2004 年，第 330－331 页。

定分别颁布实施了两项行政法规，即《建设工程质量管理条例》《建设工程勘察设计条例》，调整范围都是“建设工程”。其中，《建设工程质量管理条例》第 2 条第 2 款规定：“本条例所称建设工程，是指土木工程、建筑工程、线路管道和设备安装工程及装修工程。”2001 年，住房与建设部颁布实施的《建筑工程施工发包与承包计价管理办法》第 2 条规定：“本办法所称建筑工程是指房屋建筑和市政基础设施工程。本办法所称房屋建筑工程，是指各类房屋建筑及其附属设施和与其配套的线路、管道、设备安装工程及室内外装饰装修工程。本办法所称市政基础设计工程，是指城市道路、公共交通、供水、排水、燃气、热力、园林、环卫、污水处理、垃圾处理、防洪、地下公共设施及附属设施的土建、管道、设备安装工程。”从上述规定分析，建设工程与建筑工程的关系是属种概念，建设工程的外延是覆盖了建筑工程这个概念的。

要准确界定建设工程合同的适用范围，应当着重把握建设工程合同标的物的特殊性。建设工程合同的标的物具有空间固定性、单体性、使用长期性、建造周期长和建造程序复杂等特点，符合我国物权法关于物之分类中的“不动产物”的本质特征。而承揽合同的标的物，一般为动产或其他智力成果。[①] 因此，宜将我国合同法分则中所谓的“建设工程”限定为“不动产物及其附属设施”,[②] 建设工程合同限定为不动产物建造合同，有利于理论研究

① 《合同法》第 251 条规定：“承揽合同是承揽人按照定作人的要求完成工作、交付工作成果，定作人给付报酬的合同。承揽包括加工、定作、修理、复制、测试、检验等工作。”其中，一般承揽合同工作成果的加工物、定作物、复制物一般为动产，而修理的对象可以是动产也可以是不动产，测试、检验等工作成果可以看作是智力成果。

② 建设工程合同意义上的“建设工程”为不动产物是毫无疑问的，但由于存在有前述的对建设工程合同适用范围的争论，对因农村住宅建设、家庭装修工程等“建设工程”而签订的承包合同是否适用建设工程合同存在不同观点，而此类“建设工程”也为不动产。故将建设工程合同意义上的“建设工程”界定为不动产，实际上是明确了建设工程合同的适用范围，也即因任何不动产的建造而签订的合同均适用建设工程合同，包括农村住宅建设、家庭装修等工程的建造。但也有人认为，建设工程合同的标的属于动产还是不动产的界限并不总是十分明确，不能一概认为建设工程的标的物为不动产，原因在于在施工的内容是进行工业设备安装时，所安装的设备属于动产。参见李国光主编：《合同法释解与适用（下册）》，新华出版社，第 1279 页。笔者认为，建设工程合同意义上的“工程建设”，所包含的内容为不动产及其附属设施的建造，设备安装工程的标的为不动产的附属设施。并且，适用建设工程合同的设备安装工程所安装的设备，空间上移动安装设备会影响其价值，具有不动产的属性。

与司法实践将建设工程合同与承揽合同予以明确区别,[①] 理由在于：其一，将建设工程合同的标的物界定为不动产物及其附属设施，清晰直观，易于接受，同时避免了使用所谓的“建筑工程”或“工程建设”等需要进一步界定的模糊概念。在传统民法理论中，自罗马法开始，历来就存在关于动产与不动产的区分，其区分标准是以物能否移动以及移动后是否影响其性质及损害其价值。[②] 循着这一逻辑思路，将建设工程合同的标的物界定为不动产物及其附属设施，具有明确性。[③]“不动产”的概念自罗马法以来，一直为各国法律所接受，其法律特征较为清晰明确，争议不大。同理，将建设工程合同限定为不动产物建造合同，亦有利于厘清建设工程合同的内涵与外延，进而准确把握建设工程合同的本质特征；其二，倘若建设工程仅仅限定在关系国计民生的基本建设工程，难免主观性过于强烈，而限定为“不动产物”则更具客观性。同时，以“不可移动性”这一客观标准替代“重要性”这个主观性极强的标准，也便于指导司法实务工作。

3. 关于“工程”

如果将建设工程合同只界定为不动产物建造合同，而不论其价值多寡，则其调整范围将无比巨大，包括现实中农村或城镇的大量的、小额的不动产物建造，例如农民新建猪圈。如果按照现行建筑法律制度严格管制，将会增加当事人的成本和限制经济活动的发展。这与我国法律将建设工程合同单独调整的目的是相违背的。因为建设工程合同独立的根本原因在于其建造技术复杂性，且与社会公共利益联系较为密切，甚至影响到国计民生。笔者认为，建设工程中的“工程”二字就应该体现出上述特点和要求。那么，何谓“工程”呢？

---

① 本研究认为，将建设工程合同界定为不动产物建造合同，其准确的理解应该是涉及不动产项目建造的承揽合同，包括为建造不动产而签订的勘察合同、设计合同和施工合同。而对涉及不动产的修缮，一般也适用建设工程合同，但是对于建设工程合同约定的保修范围外的机电、机械设备等的简单修理，应适用一般承揽合同，而不适用建设工程合同。

② 屈茂辉：《关于物权客体的两个基础性问题》，载《时代法学》2005 年第 2 期。

③ 准确说，建设工程合同的标的物不一定是不动产物。建设工程合同中的勘察合同、设计合同的标的物成果就不能说是不动产物，而只是为了建造不动产物而进行的前期工作。为了论述的方便，本书将建设工程合同标的物表述为不动产。

（1）关于“工程”的界定。

“工程”是科学的某种应用，通过这一应用，使自然界的物质和能源的特性能够通过各种结构、机器、产品、系统和过程，以最短的时间和精而少的人力做出高效、可靠且对人类有用的东西。随着人类文明的发展，人们可以建造出比单一产品更大、更复杂的产品，这些产品不再是结构或功能单一的东西，而是各种各样的所谓“人造系统”（比如建筑物、轮船、飞机等等），于是工程的概念就产生了，并且它逐渐发展为一门独立的学科和技艺。在现代社会中，“工程”一词有广义和狭义之分。就狭义而言，工程定义为“以某组设想的目标为依据，应用有关的科学知识和技术手段，通过一群人的有组织活动将某个（或某些）现有实体（自然的或人造的）转化为具有预期使用价值的人造产品过程”。[1] 就广义而言，工程则定义为由一群人为达到某种目的，在一个较长时间周期内进行协作活动的过程。不动产建造项目就是一项需要用较多的人力、物力来进行较大而复杂的工作，是需要一个较长时间周期内来完成的工程。

（2）关于“工程”的范围限定。

在对待建设工程合同的界定上，我们必须意识到，根据我国现行法律规定，工程建设项目往往需要经过较为复杂的行政审批。[2] 由于建设工程事关社会的公共利益，涉及社会的方方面面，与经济建设和人民生活息息相关，关系到城市的长远建设和老百姓的切身利益。因此，工程建设必须遵循一定的程序，这种程序，既是建设法律法规的集中体现，又是建设管理工作的科学总结，也是建设行政主管部门对工程建设过程控制和规范管理的主要依据，科学的程序、完备的手续是确保工程建设顺利实施和工程质量的重要保障。立法政策考虑到建设工程具有建设周期长、投资额度大、关联度高的特点，其生产过程涉及多个主体、多个环节，而且又相互独立，其产品（不动

---

① 参见王连成：《工程系统论》，中国宇航出版社，2002 年，第 298 - 332 页。

② 我国《工程建设项目报建管理办法》第 9 条规定：“凡未经报建的工程建设项目，不得办理招标投标手续和发放施工许可证，设计、施工单位不得承接该项目的设计和施工。发包方对发包项目实行报建是其义务，承包方对未报建的工程项目，不得承接是其本分。不尽义务不守本分要承担相应责任”。可见，凡在我国境内投资兴建的工程项目都必须经过行政审批，并接受当地建设行政部门或其授权部门的监督管理。

产）是经济发展的重要载体，具有稳定性和多样性的特性。因此，我国在建设行业现已颁布建设法律3件，建设行政法规23件，建设部门规章100件，形成了庞大的法律体系，这些法律法规的重要体现之一就是表现在建设工程的基本程序上。[①]

为加强我国建设工程的质量管理、保证工程质量，2001年1月30日国务院以第279号令的形式公布了《建设工程质量管理条例》。条例中规定了建设单位、勘察设计单位、施工单位、监理单位和建筑管理部门在工程质量中的权力和责任，对规范工程质量管理和整顿建筑市场秩序作出了明确的规定。在条例的最后有“罚则”一章，规定了勘察、设计单位如未按工程建设强制性标准进行勘察设计者，处10万元以上、30万元以下的罚款。并且，如由此而造成工程质量事故者，还要责令停业整顿，降低资质等级；情节严重的还要吊销资质证书，造成的损失还应依法承担赔偿责任。

为配套国务院制定的《建设工程质量管理条例》，建设部每年还会颁发《工程建设标准强制性条文》。[②] 该条文以法令的形式限定了建设工程的范围，包括城乡规划、城市建设、房屋建筑、工业建筑、水利工程、电力工程、信息工程、水运工程、公路工程、铁道工程、石油和化工建设工程、矿山工程、人防工程、广播电影电视工程和民航机场工程等部分。

由此可见，建设工程的界定还要重视对“工程”二字的认识，没有上升到需要行政审批的不动产物建造项目非我国合同法所调整的建设工程。

---

① 其内容多且涉及多个行政主管部门，从工程立项到办理产权证统计起来大概有15个环节：（1）环境影响评价（环保局办理）；（2）规划选址（定点）（规划局办理）；（3）申请立项（计委办理）；（4）办理“建设用地规划许可证”（规划局办理）；（5）方案设计、申办用地手续（规划、土地局办理）；（6）消防、排水等部门审查意见（消防局、城管局等办理）；（7）核发“建设工程规划许可证”（规划局办理）；（8）招投标、施工图审查（建委办理）；（9）缴纳相关费用（建委办理）；（10）质监、安监、城建档案（建委办理）；（11）资金审计、企业支付担保（审计局、银行办理）；（12）申领“建筑工程施工许可证”（建委办理）；（13）验线开工（规划局办理）；（14）工程竣工验收，竣工备案（建委等各职能部门办理）；（15）竣工档案移交，办理入户、产权（建委、房产局办理）。

② 我国建设工程标准规范体系总计约3 600本，规范标准绝大多数是强制性标准（约97%），其中关于房屋建筑部分的条文就有1 500余条，最早的版本是2001年。2001年3月初，建设部在北京集中了我国有关房屋建筑重要强制性标准的主要负责专家150人，从各自管理的强制性标准规范的十余万条技术规定中，经反复筛选比较，挑选出重要的，对建筑工程的安全、环保、健康、公益有重大影响的条款1 500条，编制成工程建设强制性条文（房屋建筑部分）。经有关专家、领导审查鉴定，2001年5月《工程建设标准强制性条文》正式公布。

4. **结论**

据此，本书将建设工程合同的适用范围界定为：经有关国家机关严格行政审批的不动产物及其附属设施建造合同，包括勘察、设计和施工合同。如此处理，更有利于直观清晰地把握建设工程合同的范畴，具体表现为：

（1）准确区分建设工程合同与承揽合同，确保统一法律适用。根据司法三段论的逻辑，要做到正确适用法律，有赖于准确判断适用对象。“判断是在许多有可能性的命题中判定一个命题。只有当人们能够清楚地区别各种可能性并十分清楚各种可能性的后果时，才能理智地判定。因此，判定以区别为前提。”[①] 既然我国《合同法》把建设工程合同单独成章，其立法价值取向上已经强调其特殊性。法律适用时，就必然要求能对建设工程合同作出准确判断，而判断建设工程合同棘手之处就在于如何准确区分建设工程合同与承揽合同。因不动产物在物理上的确定性和客观性，并且此种观念已经被普遍接受和认可，故将建设工程合同的标的物确定为不动产物，就能顺利解决这个难点，从而有利于在处理涉及建设工程合同的纠纷时法律适用的统一。

（2）突出国家对建设工程合同领域的特殊关注。总体而言，不动产物价值较大，社会影响程度远远大于动产。正如有学者言之，“土地、建筑物及其他附着物由古至今都是人类赖以生存与发展的根本所在，至于其原因，英美法学家认识到，不动产能够在相当长的时间内产生一种收益，并可随时确定其存在，即是不可移动和不可破坏的，而实物动产极易受破坏和抛弃……”[②] 盖因不动产物具有固定性、存续周期长和金额较大等特点，即使是普通家庭装修、农民个人住房建造等小工程，可能就是要耗尽个人或家庭一生所积累的财富，意义不可谓不大。因此，法律在规范这类小型工程的承揽时，也一样要给予特别关注。建设工程合同作为特殊的承揽合同，法律上对其的签订与履行规定了较多的强制性规范，这些强制性的规范同样应该适用于小型工程的建造。将建设工程合同的标的物限定为不动产物，可以减少适用法律时对这类小型工程是否适用建设工程合同规范的争论，体现国家对私

---

① 梁慧星：《民法解释学》，中国政法大学出版社，2000 年，第 88 – 89 页。
② 陈浩文：《涉外建筑法律实务》，法律出版社，2004 年，第 330 – 331 页。

生活的保护，至于给予何种程度，那是另外一个问题。

基于以上理解，笔者建议将我国《合同法》第269条的规范表述——“建设工程合同是承包人进行工程建设，发包人支付价款的合同。建设工程合同包括工程勘察、设计、施工合同”修改为“建设工程合同是经由国家机关严格行政审批的不动产物及其附属设施建造合同。建设工程合同包括勘察、设计、施工合同”。作如此限定，既可避免循环定义、同语反复之逻辑缺陷，又能揭示建设工程合同的本质属性，较为客观地界定建设工程合同之内涵与外延。故凡涉及不动产物及其附属设施建造的勘察、设计、施工合同，原则上说都应当纳入建设工程合同的调整范围。

二、建设工程合同独立于承揽合同之原因

（一）建设工程合同纳入承揽合同调整的立法例

建设工程合同在大陆法系很多国家不属于一类独立的合同类型，相关的内容一般都在“承揽合同”中加以规定，属于承揽合同中的一种。

承揽合同在罗马法中并未典型化，罗马法将承揽合同归入租赁合同之列，承揽被视为是劳动力租赁，“出租者不是提供劳务的人，而是以其名义提供工作任务的人”。[①] 依罗马法的分类，租赁分为物的租赁、雇佣租赁和承揽租赁，前两者分别为现代法上的财产租赁和雇佣合同；承揽租赁指承租人应出租人要求从事工作，完成约定工作成果的合同。[②] 这与近现代法民法意义上的建设工程合同还相去甚远。从根本上说，承揽合同之独立法律地位的确立应当说是发端于日耳曼法。日耳曼法的重要特征是，虽然在一定程度上继受了罗马法的制度与理念，但仍保留着日耳曼法的本土精神，即团体本位精神，在法律渊源上更多地表现为习惯法，而这种观念根深蒂固，受此影响，承揽关系之独立地位才得以确立。从各邦的立法层面来看，均将承揽关

① 参见［意］彼得罗·彭梵得：《罗马法教科书》，黄风译，中国政法大学出版社，1998年，第378页。

② 参见［英］巴里·尼古拉斯著：《罗马法概论》，黄风译，法律出版社，2010年，第171页。

系从租赁合同观念中解脱出来，把承揽关系界定为一种独立之债。承揽合同被分为工作物出售和付酬定作两类，承揽人有义务完成契约所约定的工作成果，定作人则有义务给付报酬。[①] 到1804年的《拿破仑民法典》颁布时，因其深受罗马法的影响，在对待承揽关系的法典化处理上，基本上沿用了罗马法的体例，依旧将承揽合同规定为劳动力租赁。比如该法典第1779条就规定，“劳动力租赁主要包括约定为他人提供劳务的劳动力租赁、水陆运送旅客和货物的劳动力租赁、依包工或承揽从事工程建筑的劳动力租赁。”从此种立法模式其实不难看出，《拿破仑民法典》对承揽关系的立法定位与罗马法的精神是一致的，仍以租赁合同规范之。值得注意的是，法国法上所规定承揽合同的种类是相当庞杂的，几乎囊括了所有提供劳务的合同，譬如交通运输合同、建设工程合同、雇佣合同等等，可以说是无所不包。或许当时建设工程合同纠纷的矛盾并不突出，并未引起立法者和法学家观念上的重视，完全没有必要花大量篇幅为建设工程合同专门立法，结果是有关建设工程合同的条款极为罕见。

直至《德国民法典》颁布时，承揽合同关系才脱离于租赁合同关系，成为一种典型合同，但德国法亦未将建设工程合同从承揽关系中分离出来。从《德国民法典》债务关系编有关“承揽”的规定来看，没有围绕建筑物（不动产）的承揽进行专门规定，仅仅规定极为个别的条文，如《德国民法典》第648条所规定的建筑承揽人保全抵押权。可见，德国法也只是将建设工程合同视为承揽合同的一种；继受德国法的日本、意大利和我国台湾地区亦复如此，只有极少数的条文涉及建设工程合同关系的调整问题，譬如《日本民法典》第638条、《意大利民法典》第1668条规定了建筑物瑕疵担保责任的特殊存续期间，我国台湾地区“民法典”第494条所规定的建筑物定作物解除权的丧失等。此外，很难见到其他的特别规定，在这些国家或地区看来，对于建筑物承揽问题的处理根本无需独立构建一项专门的建设工程合同制度，除法律有特别规定外，均应适用承揽合同的一般规定。

---

① 参见黄越钦：《承担契约之履行责任与瑕疵担保责任》，载郑玉波：《民法债编论文选辑》，五南图书出版公司，1984年，第283－285页。

（二）建设工程合同分离于承揽合同调整的立法例

真正尝试将建设工程合同从承揽合同中分离出来作为一种独立合同类型源于《苏联民法典》。在该法典中，把“建设工程合同”定位于“基本建设包工合同”，并将“基本建设包工”列为独立一章，[①] 放置在“承揽”章节之后，表明苏联民事立法旗帜鲜明地将基本建设包工合同作为一种独立的典型合同加以处理，立法效果上则表现为基本建设包工合同与承揽合同决然分离。这种立法模式遵循了苏联立法者对待民事法律制度的一贯逻辑，即社会主义国家的一切关系都是公法关系，根本无所谓私法关系。基本建设包工同样如此，因为此种合同的主体是公有企业、组织，这无疑属于典型的经济合同。由于苏联民法拒绝承认私法观念，在其看来，所谓的合同法律制度的立法宗旨就是服务于国民经济计划，一切民事合同都是经济合同，其根本任务在于完成或超额完成国民经济计划，围绕实现国民经济计划中的经济核算制度及规范合同纪律而服务。[②] 虽然在民法理论中，学者们大多承认基本建设包工合同是承揽契约的特别种类，但由于其法律制度是围绕着计划经济而构建的，同时还要突显计划经济中的基本建设工程的重要性，故将其对应的基本建设包工合同独立调整。应当看到的是，苏联民法中所谓的基本建设包工合同均以法律的特别计划为前提，合同的标的必须是列入计划的基本建设项目，承包人必须是有建设能力的单位或组织，合同的订立和履行更需要根据苏联部长会议所制定的规程或依照其所规定的程序进行，另外法律还规定了基本建设项目的特别拨款程序以及监督管理。[③] 在很大意义上说苏联民法之所以把基本建设包工合同与承揽合同截然分开，非为其他，只因强调基本建设包工合同要严格遵循计划性的要求。

苏联民法中的基本建设合同制度强调计划性，为国民经济计划服务，此种立法例并非无任何可取之处，实际上它已经将基本建设合同主体的特殊性

---

① “基本建设包工”位列《苏联民法典》的第 31 章。

② ［苏联］麦·帕·沙溜巴：《经济合同及其为计划经济核算制而斗争》，载吴绪：《苏联的经济合同》，财政经济出版社，1956 年，第 24 页。

③ ［苏联］斯·恩·布拉都西主编：《苏维埃民法》，中国人民大学民法教研室译，中国人民大学出版社，1954 年，第 132 页。

清晰地表达出来了，是合同法律制度上的一大创新。需要甄别的是，由于苏联民法中几乎所有的合同都被认为是执行计划的工具，尤其对于建设工程而言，恐怕没有哪一种合同类型在计划性和国家管制方面可与之比拟。也正因如此，苏联解体之后，独立后的苏联民族国家抛弃原有的以计划为主导的国民经济组织模式而转向市场经济，计划性不再是市场经济国家所需要强调的，故1995年颁布的《俄罗斯联邦民法典》彻底放弃了这一立法尝试，将基本建设包工合同重新纳入承揽合同，不再将建设承揽作为与承揽合同并列的一类合同。[①]

（三）建设工程合同独立于承揽合同调整的原因分析

1. “计划性” 并非建设工程合同分离与承揽合同调整的真正原因

根据以上分析，建设工程合同的法律调整主要有三种立法例：一是将建设工程合同视为承揽合同，一并归入到劳动力租赁合同，以租赁合同规范予以调整，此以罗马法和法国法为代表；二是将建设工程合同纳入到承揽合同统一规范，仅坚持承揽合同的独立性，但鉴于建设工程合同之特殊性而规定若干条款，此以德国法、日本法、意大利法、俄罗斯法及我国台湾地区民法为代表；三是将建设工程合同与承揽合同分离单独调整，而根据其特殊性专门设定具体规则，此以苏联及我国合同法为代表。

在罗马法时期，由于社会仍处于简单商品经济时期，基本上不存在大规模的、矛盾激化的建设工程合同纠纷，立法者不可能也不需要对建设工程合同予以专门规范；法国法的立法背景亦复如此，其更多的是描述鸡犬相闻的一派田园风光。在目前建设工程合同纠纷日复突显的情势下，此种立法例不足以取；第二种立法例也确实看到了将建设工程合同纠纷纳入承揽合同的不周全之处，光承揽合同规范还不足以解决建设工程合同所存在的诸多问题，因此在承揽合同规范体系中规定了若干特别条款，但由此也产生了许多理论上无法解释的问题，比如德国法的建筑承揽人保全抵押权、日本法上的优先权以及我国台湾地区的“法定抵押权”，虽然学者们作出了各种解释，但其

① 参见《俄罗斯民法典》，黄道秀译，中国大百科全书出版社，1999年，第389页。

构筑的理论体系却显得诸多纠结，杂乱而不流畅。似有人为雕琢之嫌，比如以上权利性质如何，如何具体适用，都未能作出一个圆满诠释。更为重要的是，计划性并非上述国家经济活动的组织形式，因此建设工程合同根本就没有必要脱离于承揽合同单独调整。第三种立法例源于苏联的计划经济特性，也为我国立法之初所继受，但我国合同法已将其全面改造，注入了新的规范理念和制度因素，使其符合社会主义建设的需要。当然，从根本上说，将建设工程合同有名化，是适合当时苏联的实际国情的，当在目前全球一体化的趋势下，市场经济已经是不可逆转的潮流，再谈计划性确实不合时宜，也正因为如此，俄罗斯民法放弃了这一立法模式。

回到我们国家，《合同法》把建设工程合同独立成章，作为一种单独的合同类型来调整。[①] 虽然我国合同法沿袭了苏联的立法例并坚持下来，但并非我国建设工程合同制度也是为计划经济服务。因为合同法颁布之时，市场经济早就已成为我国经济活动的根本组织形式。客观地说，我国建设工程合同制度模式是根据基本国情而做出的选择。问题是，如果计划性非建设工程合同从承揽合同中分离，那真正的原因到底是什么呢？进一步而言，我国建设工程合同制度设计的立法根据又何在？鉴于合同法分则理论研究的薄弱，尚未见令人信服的回答。本书对此作如下分析，权当抛砖引玉。

2. 建设工程合同具有不同于承揽合同的特殊性

按照类型化理论，某种合同得以典型化的原因是该类合同纠纷应呈多发性或常态性，导致原有调整规范的涵摄力大幅减弱，不周延性日渐突显，有必要进行单独调整。就建设工程合同而言，倘若于承揽合同中设置少量特殊规则就可以解决，则没有独立调整的必要性。实际上，建设工程合同相较于承揽合同而言，有着很大的特殊性，导致建设工程合同就成为承揽合同的例外，其就需要越来越多不同于承揽合同的例外调整规范，一般化调整就成为必然。这种例外具体表现如下：

（1）合同标的物限于不动产。

---

① 应该说，将建设工程合同从承揽合同中分离出来，并非我国民法之首创，和其他很多民事法律制度一样，其思想渊源来源于苏联民法。

建设工程施工合同完成的工作构成不动产，即合同标的物只能是不动产；而承揽合同完成的工作物一般指动产，而非不动产。国务院制定的《建设工程质量管理条例》第 2 条第 2 款规定："本条例所称建设工程，是指土木工程、建筑工程、线路管道和设备安装工程及装修工程。"《建设工程安全生产管理条例》第 2 条第 2 款规定："本条例所称建设工程，是指土木工程、建筑工程、线路管道和设备安装工程及装修工程。"《建筑业企业资质管理规定》第 2 条第 2 款规定："本规定所称建筑业企业，是指从事土木工程、建筑工程、线路管道设备安装工程、装修工程的新建、扩建、改建等活动的企业。"从上述规定可以看出，建设工程包括土木建筑工程、安装工程和装修工程三类工程，三类工程的共同点就是：工程完成后，三类工程均构成了不动产物，包括土地上的定着物和定着物的配套物及附属物。

土地上的定着物是指在物理上固定在土地上、不能随便移动的构筑物。建设工程中的定着物一般是指比较大而复杂的土木建筑物和基础建设项目，如办公楼、厂房、码头、公路等，但也包括投资额小、工程技术要求比较简单的建设项目，如民宅、垃圾站、传达室等。不动产物建造的最大特点是与土地相结合，这就涉及土地利用的强制性规范的适用，非为当事人所能自由决定。例如，发包人拟投资建设厂房，必须经过有关部门的审批，办理土地使用、占用手续，符合有关规划要求，办理开工许可证等。国家建设主管部门制定的工程类别及等级中，把工程类别分为房屋建筑工程、冶炼工程、矿山工程、化工石油工程、水利水电工程、电力工程、林业及生态工程、铁路工程、公路工程、港口与航道工程、航天航空工程、通信工程、市政公用工程和机电安装工程十四类，从中可以看到，上述工程的共同点是，工程完成后均成为了完全不动产物。

土地定着物的配套物及附属物主要是基于线路管道、设备安装工程及装修工程等结果之物化，也应当列入建筑工程范围，其理由是，上述工程完成后，其行为结果最终添附在不动产物上，并最终形成了与不动产物一体的、不可分割、不可拆分的部分。由此签订的合同，也应当定为建设工程施工合同，而不能认定为承揽合同。

可以说凡是为建造不动产物而签订的合同，均是建设工程合同。

另外，民间房屋的建造（特别是农村地区的房屋）是否应该列入建设工程合同调整范围，有学者持否定态度，其理由是此类建筑物标的小、数量大，不宜列入建设工程合同调整范围。[①] 随着经济的发展和建筑物的复杂性增加，标的数额只会越来越大，而民间房屋也有涉及流转的可能性，也可能涉及社会公共利益的问题；从法律规范而言，这种观点这种做法也与《建筑法》对建筑活动范围的界定是冲突的。[②] 故一概将其拒之门外，并不妥当。因此，将上述房屋纳入到建设工程合同调整范围有必要性和可行性，不妨为此类房屋确定一定的标的数额，比如就目前国情而言，工程造价达 200 万以上就纳入建设工程合同调整范围。

至于铁塔、管道、室外超大型显示屏、平面及立体广告牌以及简单拆除之钢板车间等是否属于不动产物，应当适用建设工程合同制度调整问题。因该类合同主要是依据加工方的技术而签订的，归属于可拆分物，不能构成建设工程合同意义上的不动产物，应当由加工承揽合同调整，方符合我国合同立法之精神。

（2）参与主体的特定性。

建设工程合同是从承揽合同中分离出来的，与承揽合同既有共性，又有其特殊性。建设工程合同包括勘察、设计、施工三大类，参与主体包括发包人、勘探人、设计人、总承包人、施工承包人，而这些主体具有一个共同的特征，那就是要求具有相应的资质。这涉及了市场准入的问题，还会影响到此类合同的合法性问题。尤其是建设工程合同的承包人，其履行合同就是向发包人交付建设工程，事关社会公共安全，国家对建筑市场主体准入条件要求较强，对市场监管力度较大，当事人的意思自治受到较大程度的限制。正因如此，审理建设工程合同纠纷案件，不仅涉及民商事法律法规和司法解释的适用，同时也涉及行政法规、规章的适用和参照，甚至涉及相关产业政策和技术规范。从参与主体特定性的角度看，建设工程合同纠纷案件无小案，适用法律有疑难，甚至发生错误。

---

① 参见王建东：《建设工程合同法律制度研究》，中国法制出版社，2004 年，第 98 页。

② 根据《中华人民共和国建筑法》第 2 条第 2 款之规定，我国已将建筑活动范围明确界定为“各类房屋建筑及其附属设施的建造”。

(3) 国家监管的严格性。

建设工程合同因涉及基本建设规划，其标的物为不动产的工程，承包人所完成的工作成果不仅具有不可移动性，而且须长期存在和发挥效用，事关国计民生，因此，国家要实行严格的监督和管理。一般工程项目的确定，首先要立项，即由建设单位提出项目建议书，经批准后进行可行性研究，编制可行性研究报告，选定工程地址。只有在可行性研究报告批准后，才能根据可行性研究报告签订勘察、设计合同。只有在勘察、设计合同履行后，才能根据批准的初步设计、技术设计、施工图纸和总概算等签订施工合同，且经过严格竣工验收合格后，才能交付使用。在上述过程中，国家监管的严格性大体体现在以下事项上：

①工程项目立项的监管。对于工业建设工程项目，由于涉及国民经济计划，故其立项必须经国家主管部门批准，例如国有投资的项目须按级别经国有资产管理部门批准；民营投资项目必须按级别报发展改革委员会批准。对于一般的民用建筑，例如房地产开发项目，必须首先严格按照国家规定的招投标程序获得开发土地，这些经出让程序所获得的土地实际上是必须符合土地所在地域的城市发展控制规划，如土地用途和建筑物的建筑密度，这也充分体现着国家监管力度。

②工程建设的流程监管。一项工程项目的建设必然要经过勘探、设计和施工三大环节。首先，必须对建设土地的地质状况进行勘探，并以此供工程建设项目设计使用。其次，只有经过合格的设计之后，才能进行施工。国家法律严格禁止工程建设项目中的边勘测、边设计、边施工的“三边工程”。

③合同主体的监管。合同主体的监管主要体现在对参与主体资质的前置性的监管，只有取得相应资质之后，才能进入建设工程市场。在具体的建设工程合同中，合同主体之所以能够参与工程建设项目，其资质必须与待建设工程项目相一致。

④合同缔结形式的监管。根据现行法律、法规的规定，我国对建设工程合同的缔结活动有较多的干预，大多数建设工程项目缔结必须采用招标投标的方式，这是法律对建设工程合同缔结实施的外部管制。现在民用建筑的建设也必须经过招投标程序才能得以进行，以符合公开、公平、公正原则的

要求。

⑤对合同履行的监管。对于涉及国计民生和列入国家重点计划的建设工程项目中的设计图纸和设计方案必须经相关部门批准，方得以实施；对于普通的民用建筑中的设计图纸和施工方案，如涉及复杂的施工技术和施工方案，也应经有关部门批准；即使是属于常规的建设工程项目的设计图纸和施工方案，也应业主和建设监理单位批准。本书认为，上述管制同样也是国家严格监管制度的体现。

⑥质量的监管。国家对建设工程提出了严格的质量标准，只有符合质量要求的工程项目才能通过竣工验收。

（4）合同形式上的差异。

承揽合同既可以采用书面形式也可以采用口头形式，而且在定作人为自然人时多采用口头形式。而建设工程合同属要式合同，按照法律规定，必须以书面形式订立，体现着国家对基本建设工程领域进行监督与管理的需要以及建设工程合同的重要性。《合同法》第270条明确规定："建设工程合同应当采用书面形式。"但法律对承揽合同并无规定。而书面形式是商事合同的基本要求。

（5）订立合同方式上的差异。

一般承揽合同在订立时经合同双方协商达成一致即可成立。而根据《建筑法》和《招标投标法》的规定，建设工程施工合同的订立一般应当经过招标投标程序，还应接受有关行政监督部门依法对招标投标活动的监督。[①] 因此，无论是订立合同的前提，还是订立合同的方式，建设工程合同都比一般承揽合同严格许多。

（6）合同内容上的差异。

从意思自治方面来说，建设工程合同的内容所受的限制比一般承揽合同

---

① 《建筑法》第19条规定："建筑工程依法实行招标发包。"《合同法》第273条规定："国家重大建设工程合同，应当按照国家规定的程序和国家批准的投资计划、可行性研究报告等文件订立。"《招标投标法》第3条规定："在中华人民共和国境内进行下列工程建设项目包括项目的勘察、设计、施工、监理以及与工程建设有关的重要设备、材料等的采购，必须进行招标：……"第7条规定："招标投标活动及其当事人应当接受依法实施的监督。有关行政监督部门依法对招标投标活动实施监督，依法查处招标投标活动中的违法行为。"

要多得多，很多合同条款都由国家法律和法规，甚至规章规定好了的。建设部、国家工商总局制定的《建设工程施工合同》和《建筑装饰工程施工合同》示范文本，就是根据《建筑法》等法律法规规定，并结合我国建设工程实际以及相关国际惯例制定，现在已广泛应用到建筑工程领域。这很大程度上体现着商事合同的惯例。建设工程施工合同的内容比承揽合同的内容专业性更强。就建设工程施工合同而言，它包含了很多承揽合同没有的条款，比如说合同效力的解释顺序、工程分包、现场考察、文物和地下障碍物处理、施工事故处理、施工专利技术、联合投标体的责任、发包人代表、监理工程师、造价工程师、承包人代表、指定分包人、工程担保、施工财产保险、施工人员保险、停工与延期、安全防护和文明施工、放线、隐蔽工程和中间验收、工程试车、预留金、零星工作项目费、工程进度款的支付、工程变更、安全防护与文明施工措施费、索赔与反索赔。

（7）合同款项支付的区别。

通常情况下，建设工程施工合同签订时，合同价款是不确定的、暂定的，需要双方当事人根据合同履行情况，通过专门的工程造价咨询单位，依据国家或地方编制的结算定额，计算出合同的最终价款。也就是说建设工程施工合同需要进行工程结算才能确定最终价款。所谓工程结算是指承包人在工程实施过程中，依据承包合同中关于付款条款的规定和已经完成的工程量，并按照规定的程序向建设单位收取工程价款的一项经济活动。

而承揽合同往往在签订合同时就约定了明确的价款或价款的计算方式，双方当事人根据合同的约定，不需要通过专门的审计机关结算就能轻易计算出合同的最终价款。

建设工程的款项支付有以下特点：①其存在一个从预算到结算的程序。工程结算关系到建设单位和施工单位的直接经济利益，它是建设单位控制建设投资的最终环节和关键环节，同时也是施工单位实现经营收益的最终环节和关键环节。国家为此出台了一系列关于工程结算的规定。例如，《建设工程价款结算暂行办法》第 2 条规定：“凡在中华人民共和国境内的建设工程价款结算活动，均适用本办法。”又如，《建筑工程施工发包与承包计价管理办法》第 2 条规定，“在中华人民共和国境内的建筑工程施工发包与承包计价管理，适用本办法”等等。②建设工程合同款项包括预付款、工程进度款、工程结算款、质量保证金。③为了工程项目得以顺利履行，需零星设定专项资金，如安全防护与文明施工措施费、预留金、零星工作项目费等等。④国家制定了一系列的工程结算标准，往往是当事人确定工程价款的参考指标，同时更是各方当事人在建设工程合同中对无法估计的工程量的结算价格标准。为了统一工程造价的结算标准，国家建设部和各地建设行政主管部门，还制定了《全国统一建筑工程基础定额》《全国统一安装工程预算定额》《全国统一装饰工程定额》《全国统一建筑消耗量定额》等计价依据。另外，国家对工程造价咨询单位和人员也进行资质管理。由于建设工程的结算比较复杂，而建设单位一般没有专门的工程造价咨询人员，所以建设单位一般要委托有资质的工程造价咨询单位审核承包人编制的结算书。审核结果经双方当事人认可后，才具有效力。而承揽合同的履行相对简单，其款项支付一般划分为预付款、尾款或者是一次性付款，并不必然存在合同价款结算的问题。

（8）监理制度的差异。

在合同的履行过程中，建设工程施工根据《建筑法》第30条“国家推行建筑工程监理制度”的规定强制推行监理制度，而承揽合同不强制性推行监理制度。

（9）标的物的质量标准要求有差异。

承揽合同的双方可以自行约定标的物质量，但作为建设工程施工合同来说，标的物的质量必须符合国家有关建设工程标准的要求。如《建筑法》第58、59、60、61条规定：建筑施工单位对工程的施工质量负责；建筑物在合理使用寿命内，必须确保地基基础工程和主体结构的质量；建筑工程竣工时，屋顶、墙面不得有渗漏、开裂等质量缺陷；对已发现的质量缺陷，建筑施工企业应当修复；建筑工程经验收合格后，方可交付使用；未经验收或者验收不合格，不得交付使用等等。

（10）瑕疵担保责任上的差异。

承揽合同法律没有专门规定瑕疵担保责任问题，由合同双方自行约定是否保修以及保修期限，没有约定适用买卖合同的短期诉讼时效的规定。而国家对建设工程瑕疵担保责任，包括保修范围和保修年限，都有明确的规定，且是长期诉讼时效。如《建筑法》第62条规定的建筑工程的保修范围应当包括地基基础工程、主体结构工程、屋面防水工程和其他土建工程，以及电气管线、上下水管线的安装工程，供热、供冷系统工程等项目；国务院《建设工程质量管理条例》第40条规定，“在正常使用条件下，建设工程的最低保修期限为：基础设施工程、房屋建筑的地基基础工程和主体结构工程，为设计文件规定的该工程的合理使用年限；屋面防水工程、有防水要求的卫生间、房间和外墙面的防渗漏，为5年；供热与供冷系统，为2个采暖期、供冷期；电气管线、给排水管道、设备安装和装修工程，为2年”等等。

（11）一方违约时的救济方式不同。

在承揽合同中，定作人解除合同后，承揽只能要求定作人赔偿损失，而不能要求继续履行；而在建设工程合同中，除特定情形外，一方违约时，对方当事人都可以要求其继续履行。

（12）合同是否允许解除的区别。

根据我国现行法律规定，承揽合同的定作人享有解除权，可以随时解除合同；而在建设工程合同中，由于其标的物涉及的经济价值较大，而且其本身具有不可逆转性，无法恢复原状，除具备双方约定或者法定的解除条件外，不允许解除合同。

（四）建设工程合同宜作为商事合同单独调整

我国民法将建设工程合同从传统承揽合同中剥离开来，强化当事人的社会责任，限制其合同自由，相比较其他民事合同而言，其更重视对社会公共利益的保护，乃是实质正义的体现。所以，我国对建设工程合同制度的立法体例，客观上领导了世界新潮流。因为基本建设项目比如房屋、桥梁、道路对现代社会的重要性不言而喻，这使法律对其安全性的关注必然加以重视，以免伪劣工程对社会的公共安全构成侵害。为适应新的“社会结构”及其制约文化发展而对契约自由加以修正，是现代合同法发展的重大趋势。

但是，过多的法律管制客观上必然认定大量无效的建设工程合同，从而降低了社会效率，增加了社会成本，最终导致在理论和实践中产生许多无法

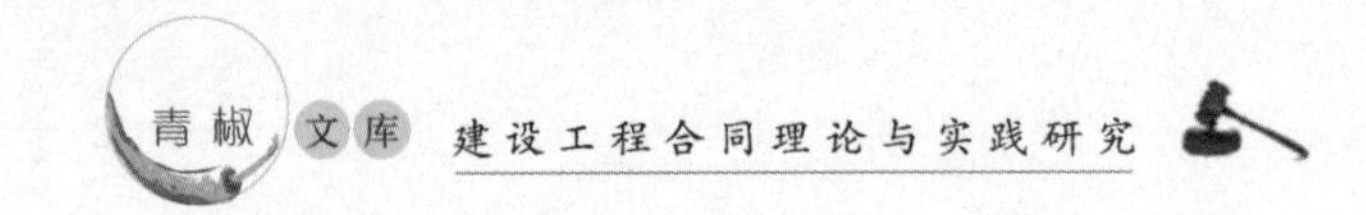

解决的难题，难免矫枉过正。应该说，只有实现国家管制和契约自由的博弈达到完美平衡，才能说建设工程合同法律制度趋于合理，这也是我国未来合同法立法与理论研究中都应当予以重视的问题。[①]

未来建设工程合同法律制度的完善，必须将建设工程合同从民事合同中分离出来，作为商事合同来看待，纳入商法调整。[②] 鉴于建设工程的特殊性和社会公共利益性，在很大程度上说，建设工程合同已非民事合同所能比拟，亦非合同法律制度的一般规则所能适用。原因主要有：一是建设工程合同主体非一般的民事主体，他们都是拥有专业资质和技能并以此追求利润最大化的商人，对工程建设领域内的交易习惯都是非常熟悉的。因此，对这类人，法律应该提出更高的义务要求，使其承担非一般民事合同所要衡量的商业风险；二是建设工程合同中的技术性条款数量远较民事合同多，因此其法律制度设计时技术性规范比重是比较大的；三是国家对于建设合同的干预远较民事合同多，建设工程合同法律制度必然体现强制性规范多于任意性规范，这也是法律管制的必然结果。对于此种合同，法院在审判实践时不能再将其作为民事合同来对待，在适用合同法的一般规则，比如成立、效力判断、情势变更、履行及违约救济等规则，应当更为慎重。

综上所述，建设工程合同制度和该类纠纷的处理，首要的是脱离承揽合同和民事合同思维的窠臼，要充分发挥其社会公共利益属性和作为工程载体的土地的稀缺性；从其调整规范本身来看，强制性规范应当远较任意性规范多，留给当事人意思自治的空间相当有限，非一般民事合同所能比拟，是故应将建设工程合同作为商事合同独立调整。

---

① 关于合同无效情形法律强制的缺陷的论述参见本书第三章。

② 随着市场经济的发展，我国已经出现的商人这一独立阶层，其商事交易的经验、知识、技能等非一般民事主体所能比拟，在民事活动中必须给其提出更高的要求，使其承担更多的商业风险。因此，不能再将商法视为民法之特别法，采民商合一的立法模式，而应当采民商分离，为商人制定更多的特殊规则。

三、本书的研究意义与研究范围

（一）本书的研究意义

1. 剖析建设工程合同的特殊性与复杂性

建设工程合同是国民经济中发挥重大作用的具有综合性与复杂性的典型合同。综观我国合同法分则规定的十五种有名合同，大体分为转让财产所有权的合同、使用财产的合同、完成工作的合同和提供服务的合同四大类。建设工程合同实质上涵盖了财产所有权的转让、完成一定的工作和提供特定服务这三类合同，属于较为复杂的综合性合同类别。换言之，建设工程合同是除买卖合同以外最主要的合同类型，其涉及的法律关系比买卖合同更为复杂。

众所周知，建筑业是我国国民经济的一个重要支柱产业，它与整个国家经济的发展、人民生活的改善及社会的进步都有着密切的关系。[①] 经过多年的发展，我国建筑业初步建立起了包括建筑工程许可制度、从业资格审查制度、建设工程招标投标制度、建设工程监理制度、建设工程质量和安全监督

---

① 2001 年以来，中国宏观经济步入新一轮景气周期，与建筑业密切相关的全社会固定资产投资（FAI）总额增速持续在 15% 以上的高位运行，导致建筑业总产值及利润总额增速也在 20% 的高位波动。2006 年，全国建筑业企业（指具有资质等级的总承包和专业承包建筑业企业，不含劳务分包企业）完成建筑业总产值 40 975 亿元，比上年增加 6 423 亿元，增长 18. 6%；完成竣工产值 26 051 亿元，比上年增加 2 185 亿元，增长 9. 2%；建筑业增加值 8 182. 4 亿元，比上年增长 18. 6%。2007 年，全国建筑业企业完成建筑业总产值 50 018. 62 亿元，比 2006 年同期增长 20. 4%；房屋建筑施工面积 473 287. 39 万平方米，比 2006 年同期增长 15. 4%；签订的合同额为 80 274. 18 亿元，比 2006 年同期增长 19. 5%。到 2007 年底，共有建筑业企业 59 256 家，比 2006 年同期下降 1. 5%。2008 年 1—9 月，全国建筑业企业完成建筑业总产值 37 552 亿元，同比增长 22. 8%；2008 年 1—9 月，全国建筑业企业房屋建筑施工面积 43. 72 亿平方米，同比增长 15. 6%；全国建筑业企业总收入 34 379 亿元，同比增长 24. 5%；全国建筑业企业实现利润总额 835 亿元，同比增长 26. 8%。2008 年国际金融市场的动荡同样增加了全球建筑业的风险。国际金融危机直接影响的是房地产业，美国房地产业首当其冲已经一落千丈，由此可见必然会影响建筑业。经济发展的不确定因素增多，环境更为复杂多变。但基于中国固定资产投资仍保持较高水平，即国家有足够的资金保证，所以中国建筑业仍将保持持续增长。另外，2008 年 1—10 月份，中国对外承包工程营业额达到 429. 2 亿美元，同比增长 46. 4%；新签合同额 816. 5 亿美元，同比增长 57. 9%。未来 50 年，中国城市化率将提高到 76% 以上，城市对整个国民经济的贡献率将达到 95% 以上。（参见中投顾问产业研究中心 2009 年 5 月发布：《2010—2015 年中国建筑业投资分析及前景预测报告》，载中国投资咨询网，www. ocn. com. cn）

管理制度等在内的适用社会主义市场经济要求的管理体制。

国家一直十分重视与建设工程密切相关的法律制度的健全和完善，迄今为止，先后颁布了《建筑法》《合同法》《招标投标法》《建设工程质量管理条例》《建设工程安全生产管理条例》《最高人民法院关于审理建设工程施工合同纠纷案件适用法律问题的解释》及部分配套规章和规范性文件。虽然立法者对建设工程立法时强调了前瞻性和预测性，但是工程建设行业领域的发展，往往让法律不断地显露出它的不完备性和滞后性。长期以来，建筑工程领域，尤其是房地产开发和建设领域，眼花缭乱的操作行为纠纷不断，矛盾丛生，导致建筑市场混乱，建设工程合同纠纷案件在法院民事审判案件总数中所占的比重逐年上升。

由于法律过于原则性，缺乏明确、具体的规定，不便于实际操作。究其原因，盖长期以来，国家的立法政策一直坚持以“管理”职能为重。以我国《建筑法》为例，名曰“建筑法”，却侧重于建筑安全和质量管理，实曰“建筑安全管理法”或许更为妥当。在公正与效率的严格要求下，人民法院审理案件的难度加大，法官经常会感到棘手和困惑；在服务与收益的强烈注视下，律师往往会因缺乏明确的主攻思路而痛苦不堪。在很多时候，法官和律师们通常需要运用民法的基本原则和基本原理来分析和处理案件中的问题。可见，法律实务工作者需要更多理论研究成果予以指导。

2. 供司法审判工作参考

建设工程合同在司法实践中出现了大量的新情况、新问题，由于我国有关法律规定较为简略，而且有些规定在认识上存在较大分歧，因而在适用法律解决有关纠纷时常常遇到很多棘手的问题。我们在看到建筑业快速发展的同时，必须关注那些新问题，其中最为突出的是建设工作质量问题、建筑市场行为不规范问题、投资不足问题，尤其是投资不足导致大量拖欠工程款和农民工工资的问题，严重危害到建筑企业的发展和农民工的合法权益，群体性事件时有发生。这既是一个经济问题，又是一个社会问题，更是一个法律问题，引起了党中央和国务院领导的高度重视。对于工程建设市场快速发展出现的诸如拖欠工程款和农民工工资，建设工程质量缺陷和施工安全隐患等问题，党中央、国务院迅速制订和采取了诸多治标治本的综合措施，多管齐下，进行综合整治，取得了一些成效。最高人民法院在审判实践领域为配合党和国家规范整顿建筑市场经济秩序的大局服务，先后采取了制订《最高人民法院关于审理建设工程施工合同纠纷案件适用法律问题的解释》（以下简称《解释》）、发出保护农民工合法权益的通知、派员参加国务院农民工工作联席会议、发布指导性案例等诸多行之有效的措施，强化指导该方面的审判工作，也取得了成效。

从2005年最高人民法院发布的《解释》来看，确实对建设工程合同中许多有争议的问题给予了明确的回答。目前来看，该司法解释俨然成为司法实践中处理施工合同纠纷的最为权威的法律依据。公允地说，该司法解释的公布和实施，对于规范市场行为、促进我国建筑行业的发展、确保建设工程质量、维护人民生命财产安全、公平保护建设工程施工合同各方当事人的合法权益，确实起到了一定的积极作用。在该司法解释的指导下，地方各级人民法院严格按照最高法院部署，结合本地和个案的实际情况，认真全面贯彻《解释》，建设工程合同纠纷案件审判质量明显提高。从人民法院审判工作看，最高法院和地方各级法院明确和统一了执法思想和理念，统一了执法标准和尺度，法官行使自由裁量权的行为得到进一步规范，全面提升了法官审理此类案件的业务水平，政府建筑业主管部门、建筑业、房地产业及社会各界普遍也认为《解释》内容务实、对法律解释的分寸得当，依此审结的案件得到社会认可，审判工作的公正与效率得到进一步提升。

然而，中肯地说，该司法解释确实为应时之作，只能说是暂时性地解决了建设工程合同领域中存在的部分问题。我们应该清醒地认识到，最高法院是出于迫切的现实需求和司法实践面临的难点问题，目的是为了统一全国法院的执法尺度，对房地产领域所涉及的建筑市场施加影响而作出的司法解释。正如最高法院负责人所言，最高法院主要是基于两个方面的考虑：一是为了给国家关于清理工程拖欠款和农民工工资重大部署的实施提供司法保障。二是由于法律规定比较原则，人民法院在审理建设工程施工合同纠纷案件时，对某些法律问题在具体适用认识不统一，如无效合同处理原则、合同解除条件、质量不合格工程及未完工程的工程款结算问题、工程质量缺陷的责任、工程欠款利息的起算时间等，不解决这些法律适用问题，不仅影响到人民法院司法的公正性、统一性和审判的效率，而且也不利于尽快解决拖欠工程款和农民工工资问题。

面对现实，我们也应当看到，在不同地区、不同法官中贯彻实施《解释》的能力和水平尚不平衡，适用过程中也还存在这样或那样的问题，在法院系统也存在对个别条文理解上的不一致和适用上的差异，甚至存在理解上的偏差，需要进一步明确和统一思想。

综上所述，客观地说，目前党中央、国务院和最高人民法院所关注的只是建设工程合同领域最为突出、最为迫切需要解决的问题，只是冰山的一角；建设工程合同领域问题重重，比如建设工程合同的成立、履行、担保、违约救济等尚有众多问题需要合理地解决，国家层面的法律和规范性文件尚未提供一套行之有效的制度方案。《解释》本身远远不能解决审理建设工程施工合同纠纷案件中出现的所有问题，许多新老问题是《解释》不能涵盖的，仍需地方各级人民法院的法官充分发挥主观能动性，合理运用自由裁量权，依据法律规定或法律原则、精神裁判案件。当然，我们也要认识到，存在这些问题是工程建设市场发展中出现的正常现象，分析和解决问题才是建设工程合同法律制度理论研究的重点和动力。目前，建筑市场出现了许多新情况，对这些新情况理论研究领域了解和研究得还很不够，虽然有部分学者针对许多个案具体裁判做了一些研究，指出有些案件适用法律的分寸和尺度还值得研究和谈讨，但尚未总结出相应的解决办法和制度完善见解。假如理论研究准备充分，条件成熟时，最高法院会适时以颁布司法解释、发布指导性案例或其他方式对建设工程合同纠纷案件中出现的新情况进行指导。

3. 丰富合同法分则的理论研究

就我国理论研究的现状而言，对合同法分论的研究非常薄弱，而对建设合同的研究尤其如此。立法领域和司法实践领域未就建设工程合同领域提供行之有效的制度解决方案，那么法学研究领域情况是否更为好些呢？回答并不容人乐观，从目前的法学研究现状和趋势来看，建设工程合同领域并未引起学者们的足够重视，大多是注释法律或者典型案例评析，尚缺乏深层次的讨论。或许学者们对此不屑一顾吧，认为建设工程合同领域没有重大的理论性可言，缺乏突破性空间。然而，笔者长期从事建设工程合同领域的法律服务工作，深深地感受到本领域尚有许多理论性和实践性都极强的问题，需要理论研究领域提供参考性和建设性的意见。

有鉴于此，本书拟从我国现行法律入手，结合实践中存在的稀奇古怪的建设工程合同中的各种问题展开研究，目的在于先解己之惑，后解人之惑。

（二）本书的研究范围

本书的研究不是就基本建设合同的全部问题作简单的分析探讨，而是围绕建设工程合同的特殊性展开，就司法实践中遇到的重大疑难问题作一个较为深入系统的研究。因此，在研究范围上，就有所选择，有所侧重。具体而言，主要包括以下问题：

第一，建设工程合同的适用范围问题。要准确界定建设工程合同的适用范围，应当着重把握建设工程合同标的物的特殊性。若不论建设工程其价值多寡，其调整范围将无比巨大，按照现行法律制度严格管制的话，将会增加当事人的成本和限制经济活动的发展，这与我国法律将建设工程合同单独调整的目的显然是相违背的。建设工程合同独立的根本原因在于其建造技术复杂性，且与社会公共利益联系较为密切，甚至影响到国计民生。可见，研究建设工程合同的适用范围，其中大有文章，重点在于合理厘清其标的物的特殊性以及在何种程度上才能谓之“工程”。

第二，关于建设工程合同成立的特殊问题。根据合同法、招标投标法的规定，建设工程合同的缔结必须经历招投标程序，此为法律的强制性规定，且对建设工程合同的成立起决定性影响。为此，本书选取了建设工程合同强制招投标的范围及检讨、法律强制的原因、法律强制的不足、招投标程序的公正性、成立的法律效果等问题作为研究重点。

第三，关于建设工程合同的效力问题。建设工程合同的效力判断问题体现着合同自由与国家干预的冲突与平衡。鉴于建设工程合同受到特别法上诸多强制性规范的限制，是否所有强制性规范都会影响到其效力，实有甄别之必要。本书选取了合同自由原则与国家强制、资质缺失或超越对建设工程合

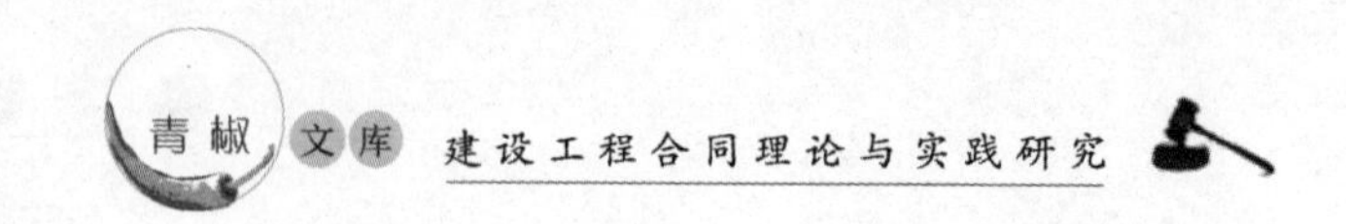

同效力的影响、黑白合同问题及其解决以及无效之私法上后果等问题来重点探讨。

第四，关于建设工程合同的履行及履约保证问题。建设工程合同的目的重心是在建设工程质量、工期和工程款三个要素，对合同当事人双方乃至社会公共利益都有重大影响，因此建设工程合同的履行问题就不得不重视此种特殊的合同目的。为此，本书选取了建设工程的转包与分包、情势变更原则的适用和强制履约保证制度的政策考量等问题作为研究重点。

第五，关于建设工程合同的违约救济问题。本书选取了建设工程合同价款优先受偿权（《合同法》第 286 条）的司法适用及其与商品房消费者请求权的冲突等问题作为研究重点。

四、理论研究现状综述

建设工程合同制度既是重要的理论研究问题，又是实践性极强的社会问题，从目前研究情况来看，已经得到了部分学者的重视。

在大陆法系民法中，一般在民法典的债编规定承揽合同，承揽合同的标的，既可以是某物的制作或变更，也可以是其他在劳动或劳务给付所引起的结果。建设工程合同被涵盖于承揽合同之中。例如《法国民法典》在第八编第三章第三节第 1787 条至 1799 条规定了“包工与承揽”，同时增加了许多修正条款。尤其值得注意的是，依据法国 1971 年 7 月 16 日第 71 – 579 号法律，特别增加了第八编（二）“房地产开发合同”，对房地产开发合同的概念、权利义务、让与、清算等进行了特别规定。依据第 1831 条的规定，房地产开发合同是一种共同利益的委托，依此委托，称为“房地产开发商”的人，对工程业主承担义务，按照约定的价金，以工程承包合同，让他人实施一座或多座建筑的施工，并且由其本人或由他人完成与该目标有关的全部或部分法律、行政与资金方面的手续。《德国民法典》第 631 条至 651 条规定了承揽合同，该法典第 648 条第 1 款规定：“建筑工作物或建筑工作物的各部分的承揽人，可以就其基于合同而发生的债权，请求给予定做人建筑地上的保全抵押权。工作尚未完成的，承揽人可以就与其所提供的劳动相当的部分报酬，以及就不包含在报酬中的垫款，请求给予保全抵押权。”《日本民法典》第632条至642条规定了承揽合同。《意大利民法典》第1655条至1677条规定了承揽合同。我国台湾地区“民法债编”第490条至第514条规定了承揽。比较特殊的是《俄罗斯联邦民法典》，该法典第37章规定了承揽，但具体分为四节，第一节是承揽的一般规定（第702条至729条）；第二节是日常生活的承揽（第730条至739条）；第三节是建筑承揽（第740条至757条）；第四节是完成设计和勘察工作的承揽（第758条至762条）；第五节是对国家所需工程的承揽（第763条至768条）。可见，俄罗斯民事法律将承揽合同一分为二：将建设工程承揽从承揽合同中初步分离，以表征此种合同的特殊性及重要性。

我国在制定《合同法》的过程中，有学者就建议草案在承揽一章里，分别规定加工承揽合同和建设工程承揽合同。[①]《合同法》则将二者分别成章，从而将建设工程合同与承揽合同彻底分离。这一立法例突显了建设工程合同独立的立法价值，在司法实践中便于更好适用。为了更好地解决建设工程合同纠纷，2004年最高人民法院发布了《关于审理建设工程施工合同纠纷案件适用法律问题的解释》，该司法解释全文共28条，分别对建设工程施工合同的效力、分包与转包、工程款结算等司法实践中的部分争议问题进行了规定。此外，《中华人民共和国建筑法》《中华人民共和国招标投标法》等对建设工程合同亦有规定。

在理论研究上，有关建设工程合同的研究呈现出多样化的趋势。在德国理论中，鉴于建设工程合同是承揽合同甚为重要的一脉，同时由于建筑物完全没有瑕疵的情形是极为罕见的，学者们对建设合同的研究就比较深入。有学者指出：在建设工程合同的具体操作上，对于建设工程规划而言，可以考虑设计各种各样的合同。但是，其中本质性的区别在于：在自由土地上的建设工程合同与尚未取得的土地上的建设工程合同。其中，在自由土地上的建设工程，尤其是建筑规划比较大时，应注意其特殊之处，其一是对建筑工程进行整体招标或者分项招标；其二，惊诧的情形是，若干个建筑企业联合起

---

① 崔建远：《合同法》，法律出版社，2007年，第426页。

来共同竞标，并且在其后也共同履行合同。这样一种投标联营形成一种合伙。这种形式主要见于机场建设、运河建设、高速公路建设或者地铁建设，而其中建设所需的机器设备及其人力资源远非一个单纯的企业所能具备和拥有。在尚待取得的土地上的建设工程，法律关系就会因此变得错综复杂，一般可以分为买卖和承揽合同、建筑承担合同与建筑起造人模式三种。①

日本著名民法学者我妻荣教授认为，由于教会、政府大楼及其他大型建筑物的建设通常以承揽合同的方式为之，发挥了中套的社会作用，因此承揽合同是建筑师承揽的主要形式，建筑承揽是目前最具重要意义的承揽。一方面，虽说大量封建性从属关系仍然支配着作为大型定作人的国家公共团体与承揽业者之间的关系，但另一方面，随着建筑技术的发展，形成了拥有大型资本的建筑业者，承揽合同的内容逐渐得以完善。②

我国台湾地区学者对于建设工程合同的研究，主要集中在债法各论的承揽合同之中。学者们主要从承揽合同的意义、区分、分类、定作人的权利、定作人之给付义务与协力义务、瑕疵发现期间与权利行使期间几个方面予以论述。③ 此外，合建与民间参与公共建设等形式逐渐成为新的建筑工程建设形式。所谓合建，是指建筑商与地主约定，由地主提供土地，由建筑商提供资金、技术、劳力合作建筑房屋，并于房屋建成后按照约定比例分配取得房屋及基地所有权之合同；④ 民间参与公共建设的形式如 BOT（build - operate - transfer）模式，即兴建、营运、移转。此方式系指将工程之兴办及营运视为一整个计划，交由民间投资者施作、经营，并依照民间投资者所成立之特许营运公司与政府达成之特许营运合同（兴建营运合同）内容，于营运一段时间后，最终将工程整体移转于政府所有的一种兴办工程模式；BT（build - transfer）模式，即兴建、转移，系由民间自备资金兴建政府核定之建设计划，完工后将设施移转给政府，政府于完工后，逐年编列预算偿还建设经费及利息，或于施工期阶段性付款，部分款项于完工后再分年偿还。⑤

① ［德］迪特尔·梅迪库斯：《债法分论》，杜景林、卢谌译，法律出版社，2007 年，第 320 页。
② ［日］我妻荣：《债权各论》（中卷 2），周江洪译，法律出版社，2008 年，第 67 - 69 页。
③ 邱聪智：《民法债编各论》（中卷），中国人民大学出版社，2006 年，第 46 页。
④ 林诚二：《民法债编各论》（中卷），中国人民大学出版社，2007 年，第 44 页。
⑤ 顾立雄、林发立：《BOT 兴建营运合约之履行保证问题》，载《月旦法学杂志》第 33 期，第 47 页。

近年来，随着社会经济发展的需要，国家基础设施建设投入逐年高涨，建设工程日益成为刺激经济发展、解决就业的重要领域。且伴随城市化进程的加速，房地产行业成为国民经济蓬勃发展的重要产业。建设工程领域的发展，亦日益吸引着学者的研究关注。我国大陆地区的专门著作有何伯洲主编的《工程合同法律制度》、何红锋所著的《工程建设中的合同法与招标投标法》与《建设工程施工合同纠纷案例评析——最新司法解释下的分析与思考》、宋宗宇所著的《建筑法案例评析》、王建东的《建设工程合同法律制度研究》、周吉高所著的《建设工程专项法律实务》、王秉乾和谭敬慧所著的《英国建设工程法》、王旭光所著的《建筑工程优先受偿权——合同法第286条的理论与实务》等。学者们的专著对建设工程合同的成立与效力、工程款结算、违约责任等问题均大多有所涉及，但是在有关建设工程理论问题上，学者之间的观点并不一致，如王建东认为发出中标通知书并不必然导致建设工程合同的成立；而周吉高则认为中标通知书一经发出，招标人就要受合同法关于承诺效力的约束。由此可见，就建设工程的相关法律理论方面，学者之间的争议较大。当然部分研究成果也具有相当价值，比如叶莲等所作论文《建设工程施工合同纠纷案件审理中存在的诸问题——兼评最高法院〈关于审理建设工程施工合同纠纷案件适用法律问题的解释〉的不足》，从审判实践的角度出发总结出了建设工程合同法律适用中存在的六个问题，并在此基础上有针对性地分析了最高人民法院司法解释中的缺陷与不足，对本书不无启迪之处；另外，王克先、章程所作《建设工程造价纠纷处理原则》一文，提出的建设工程造价纠纷处理的原则，对司法审判产生了积极的指导作用。总体来说，目前大陆学者对建设工程合同理论与司法实务问题的探讨，实难做到尽如人意。随着我国台湾地区建筑行业的日渐兴起，该地区学者同样对建设工程合同领域投入了较多的研究精力，比如谢哲胜和李金松所著的《工程契约理论与实务》、吕彦彬所著的《工程契约履约担保制度之研究》、古嘉谆等所著的《工程法律事务研究——营建工程契约条款之比较分析》、洪国钦等著的《情势变更原则与公共工程之理论与实务——兼论仲裁与裁判之分析》、蔡志扬所著的《建筑结构安全与国家管制义务》等，遗憾的是，这些著作更多从合同法总论的角度来研究建设工程合同，或许与我国台湾地区将

工程契约置于承揽合同中而尚未分离有着重大关系。

笔者以为，在很大程度上，现有理论研究与司法实务对建设工程合同的复杂性认识还不够深入，目前的研究视野尚未打开，从而会存在着很大的不足之处，这主要表现在：第一，现今建设工程合同的研究，大多集中于施工合同承揽方主体资格欠缺对于合同效力的影响、建设工程款是优先权还是法定抵押权争议等若干个问题，对于整个建设工程合同的全貌缺乏深入研究；第二，对于建设工程合同的特殊规则研究不够，比如建设工程合同履约保证问题等，尚缺乏一个科学的制度设计和可操作性较强的规则以保障建设工程质量和降低建筑成本。第三，建设工程合同与承揽合同及合同法总则之间的关系与适用问题，理论上仍未有深入探讨。本书不揣冒昧，结合本人长期的实务经验，试图在前人研究基础上，选取这个较为复杂但富有价值的课题，较为全面、深入地探讨建设工程合同的理论与实务问题，希望对社会有所裨益。

五、研究方法

为了比较清晰地研究建设工程合同，本书意图采取以下研究方法：

（1）比较研究的方法。民法学的主要研究方法之一就是比较方法。但是比较方法本身具有难以克服的缺点。它不仅要求研究者有极好的外语水平，而且还要求研究者做与制度相关的社会和历史研究，来自观念的研究、孤立的研究常常是“隔靴搔痒”的。本书研究的主要素材是各国民法典及学理，以及大陆法系其他各国的民法典，比较主要是在大陆法系内部进行，当然也必然包括对英美法的研究。笔者将尽力揭示出建设工程合同背后的历史和社会因素。

（2）历史研究的方法。在研究某一法律制度时，人们常常做的一件事情是回到该制度出现的源头。本书将采取尼采、福柯以来的知识考古学传统，分析建设工程合同为什么会产生，为什么会在中国成为一个相对独立的有名合同，其又为什么在实践中会产生诸多问题。在对建筑工程合同的历史考察中，观察建设工程合同的历史与逻辑是否一致，以及将来如何一致。

（3）规范分析的方法。在研究某一法律制度时，无可避免地要结合分析相关的法律条款，研究其存在的价值与不足，探讨其可改进和完善之处。建设工程合同的相关法律及司法解释尚存许多值得商榷的地方，因此规范分析方法存在运用的余地。

（4）实证分析的方法。由于城市化的改造及城镇化式的社会主义新农村建设在我国的不断推进，国家对于基本建设的投入比例不断增大，建设工程合同纠纷具有常发性的态势。本书将结合司法实践中出现的疑难案件及典型案件分析合同法以及最高人民法院的相关司法解释展开分析，探讨其实施效果及暴露出来的问题。

（5）类型化的方法。类型化思维是法学研究中经常使用的方法之一。类型化的方法是"寻找通过区分事件或活动在一个关系模型中的地位来对它们进行解释"。[①] 此关系模型是对所有实践或活动之特征的整体性描述。由于类型化的途径是以事物的根本特征为标准对研究对象的类属划分，因而类型不要求其内涵与所指称客体的特征完全符合，它尽可能多地保留了事物的个别特征，所以类型较之于抽象概念更接近于生活事实，同时又与具体的、个别的社会现象保持距离，从而使其具有相对的确定性[②]。通过类型化研究，我们可以更好地掌握、更加深刻地理解建设工程合同的特殊性及复杂性，对于其存在的问题或许能找到比较合理的解决方案。

① ［英］马克·布劳格：《经济学方法论》，黎明星、陈一民、季勇译，北京大学出版社，1990年，第139页。

② 参见李可：《类型思维及其法学方法论的意义——以传统抽象思维作为参照》，载《金陵法律评论》2003年秋季卷，第112页。

第一章 建设工程合同的成立

建设工程合同的成立是指建设工程合同双方当事人意思表示一致，最终达成协议的客观事实。建设工程合同的缔结，大体存在两种具体的方式：一种是由建设单位直接发包，即建设单位经过批准或按有关规定就建设工程合同内容直接与承包方协商，在双方达成合意后签订建设工程合同。[①] 在这种成立方式中，要约和承诺的表现形式与其他合同没有什么区别，而且也不存在要约邀请阶段。另一种方式为招标发包，即通过招标、投标程序发包建设工程项目，从而确定发包人与承包人的合同关系。

建设工程招标是指招标人在发包建设项目之前，公开招标或邀请投标人，根据招标人的意图和要求提出报价，择日开标，以便从中择优选定中标人的一种经济活动。建设工程投标是工程招标的对称概念，指具有合法资格和能力的投标人根据招标条件，经过初步研究和估算，在指定期限内提交标书、提出报价，并等候开标，决定其能否中标的经济活动。从法律意义上讲，建设工程招标一般是建设单位（或业主）就拟建的工程发布通告，用法定方式吸引建设项目的承包单位参加竞争，进而通过法定程序从中选择条件

① 根据我国《招标投标法》的规定，除第3条要求必须进行招标投标的建设工程项目之外，当事人有权选择直接发包的形式。此外，根据该法第66条之规定，涉及国家安全、国家机密、抢险救灾或者属于利用扶贫资金实行以工代赈、需要使用农民工等特殊情况，不适宜进行招标的项目，也可以直接发包。

优越者来完成工程建设任务的法律行为。建设工程投标一般是经过特定审查而获得投标资格的建设项目承包单位，按照招标文件的要求，在规定的时间内向招标单位提交投标书，并争取中标的法律行为。按照招标投标法的规定，建设工程合同的缔结必须经历招标投标这个法定程序，因而整个招标投标活动是一个签订合同的过程。当然，在实践中，有些通过招标代理的方式进行。所谓的招标代理是招投标招标代理机构受招标人委托为招标人寻找投标人完成招标项目的活动，即选一个既有专门行业技术又有经济实力的合同伙伴。从本质上来说，所谓的招标代理机构实际上是建设工程合同缔结法律关系中的缔约辅助人。

第一节　建设工程合同缔结方式的法律强制

根据现行法律、法规的规定，我国对建设工程合同的缔结活动有较多的干预，大多数建设工程合同的缔结需采用招标投标的方式，这是法律对建设工程合同缔结实施的外部强制。

一、建设工程合同强制招投标的范围

从招投标制度的发展脉络来看，我国的招标投标制度是伴随着改革开放而逐步建立并完善的。1984 年，国家计委、城乡建设环境保护部联合下发了《建设工程招标投标暂行规定》，由此产生了我国的招投标制度。1991 年 11 月 21 日，建设部、国家工商行政管理局联合下发《建筑市场管理规定》，明确提出加强发包和承包管理，其中发包管理主要是指工程报建制度与招标制度。同时，建设部与国家工商行政管理局制定了《施工合同示范文本》及其管理办法，以指导工程合同的管理。1992 年 12 月 30 日，建设部颁发了《工程建设施工招标投标管理办法》。1994 年 12 月 16 日，建设部、国家体改委再次发出《全面深化建筑市场体制改革的意见》，大力推行招标投标，强化市场竞争机制。此后，各地也制订了相应的实施细则，使我国的工程招投标制度趋于完善。1999 年 10 月 1 日实施的《中华人民共和国合同法》，明确了

招标公告是要约邀请的法律性质。1999 年 8 月 30 日全国人大常委会通过了《中华人民共和国招标投标法》，并于 2000 年 1 月 1 日起施行，这部法律的针对重点是建设工程行为。2000 年 5 月 1 日，国家计委发布了《工程建设项目招标范围的规模标准规定》；2000 年 7 月 1 日国家计委又发布了《工程建设项目自行招标试行办法》和《招标公告发布暂行办法》；2001 年 7 月 5 日原国家计委等七部委联合发布《评标委员会和评标办法暂行规定》。[①] 期间，原建设部（现住房和城乡建设部）也连续颁布了第 79 号令《工程建设项目招标代理机构资格认定办法》、第 89 号令《房屋建筑和市政基础设施工程施工招标投标管理办法》以及《房屋建筑和市政基础设施工程施工招标文件范本》(2003 年 1 月 1 日施行)、第 107 号令《建筑工程施工发包与承包计价管理办法》（2001 年 11 月）等，对招投标活动及其承发包中的计价工作作出进一步的规范。

从以上法律可以看出，招标投标活动已成为建设工程合同缔结的最主要途径，就实际情况具体而言：

（一）《招标投标法》之规定

我国《招标投标法》第 3 条规定：“凡在中华人民共和国境内进行下列工程建设项目，包括项目的勘察、设计、施工、监理以及与工程建设有关的重要设备、材料等的采购，必须进行招标：①大型基础设施、公用事业等关系社会公共利益、公共安全的项目；②全部或者部分使用国有资金投资或国家融资的项目；③使用国际组织或者外国政府贷款、援助资金的项目。”该条为建设工程合同缔约强制在法律层面上的具体规定。

（二）国家计委的政策

国家计委对上述工程建设项目招标范围和规模标准进一步细化，做出了具体规定：

(1) 关系社会公共利益、公众安全的基础设施项目的范围是指：①煤

---

① 该文件有三个重大突破：一是关于低于成本价的认定标准，二是关于中标人的确定条件，三是关于最低价中标。该文件中第一次明确了最低价中标的原则，这与国际惯例是接轨的。

炭、石油、天然气、电力、新能源等能源项目；②铁路、公路、管道、水运、航空以及其他交通运输业等交通运输项目；③邮政、电信枢纽、通信、信息网络等邮电通讯项目；④防洪、灌溉、排涝、引（供）水、滩涂治理、水土保持、水利枢纽等水利项目；⑤道路、桥梁、地铁和轻轨交通、污水排放及处理、垃圾处理、地下管道、公共停车场等城市设施项目；⑥生态环境保护项目；⑦其他基础设施项目。

（2）关系社会公共利益、公众安全的公用事业项目的范围是指：①供水、供电、供气、供热等市政工程项目；②科技、教育、文化等项目；③体育、旅游等项目；④卫生、社会福利等项目；⑤商品住宅，包括经济适用住房；⑥其他公用事业项目。

（3）使用国有资金投资项目的范围是指：①使用各级财政预算资金的项目；②使用纳入财政管理的各种政府性专项建设基金的项目；③使用国有企业事业单位自有资金，并且国有资产投资者实际拥有控制权的项目。

（4）国家融资项目的范围是指：①使用国家发行债券所筹资金的项目；②使用国家对外借款或者担保所筹资金的项目；③使用国家政策性贷款的项目；④国家授权投资主体融资的项目；⑤国家特许的融资项目。

（5）使用国际组织或者外国政府资金的项目的范围包括：①使用世界银行、亚洲开发银行等国际组织贷款资金的项目；②使用外国政府及其机构贷款资金的项目；③使用国际组织或者外国政府援助资金的项目。

（6）以上第（1）条至第（2）条规定范围内的各类工程建设项目，包括项目的勘察、设计、施工、监理以及与工程建设有关的重要设备、材料等的采购，达到下列标准之一的，必须进行招标：①施工单项合同估算价在200 万元人民币以上的；②重要设备、材料等货物的采购，单项合同估算价在 100 万元人民币以上的；③勘察、设计、监理等服务的采购，单项合同估算价在 50 万元人民币以上的；④单项合同估算价低于第（1）、（2）、（3）项规定的标准，但项目总投资额在 3 000 万元人民币以上的。

（7）建设项目的勘察、设计，采用特定专利或者专有技术的，或者其建筑艺术造型有特殊要求的，经项目主管部门批准，可以不进行招标。

（8）依法必须进行招标的项目，全部使用国有资金投资或者国有资金投

资占控股或者主导地位的，应当公开招标。

（三）住房与建设部之规章

原建设部（现住房与城乡建设部）第 89 号令《房屋建筑和市政基础设施工程施工招标投标管理办法》第 57 条和第 51 条规定，对于涉及国家秘密、国家安全、抢险救灾或者属于利用扶贫资金实行以工代赈、需要使用农民工等特殊情况，如果不适宜进行招标的项目，可不进行招标。但应该招标的工程不进行招标，应该公开招标的工程不公开招标的，政府主管部门应当责令改正，拒不改正的，不予颁发施工许可证。建设行政主管部门按照《建筑法》第 8 条的规定，不予颁发施工许可证；对于违反规定擅自施工的，依据《建筑法》第 64 条的规定，追究其法律责任。

二、建设工程合同缔结法律强制的原因

从上述分析，我们不难看出，建设工程合同当事人在订约相对人的选择、内容的确立上较多地受到国家计划和行政法规的干预。这说明在建设工程合同中，公法上的规定对合同的当事人的意思自治形成相当的限制，存在着林林总总的规范建设工程的法律法规以及细如游丝的强制性条文和说明，可以说，在《合同法》规定的有名合同中没有任何合同比建设工程合同受到更多的限制。法律管制体现在规范建筑市场具有相当大的深度和广度，从建筑市场上的交易行为开始（包括交易准许的方式、交易双方应具备的条件、平等竞争的要求等）、合同的缔结与履行、产品的质量（如不许偷工减料、以次充好等）、交易价格（如不得哄抬或片面压低标价）到交易行为的终止（如解决工程款的拖欠问题）等整个过程都存在这种管制。[①] 在德国，建筑法被称为“建筑警察法”，建筑主管机关被称为“建筑警察”，[②] 可见，其行政管制的密度非常高，我国也毫不逊色。法律对建设工程合同管制过多的结

---

① 参见张亢端：《建设法规知识读本》，中国建筑工业出版社，1991 年，第 152 页。

② 参见胡明锵：《建筑管理法制基本问题之研究——中德比较法制研究》，载《台大法学论丛》第 30 卷第 2 期。

果，不仅使无效建设工程合同层出不穷，同时也会使人对建设工程领域的合同自由产生怀疑。

我国之所以强制要求建设工程合同必须通过招投标方式缔结，乃是因为绝大多数建筑工程都事关国计民生，事关社会公共利益切实维护，换言之，这是社会公共利益的必然要求。

（一）中国现实国情决定对于建设工程合同领域必须予以法律管制

我国目前尚处于社会主义初级阶段，由于长期计划经济作用的运作及传统文化的影响，法律意识淡薄是不容置疑的，可以说，我国的民事行为主体（无论是自然人或是法人）还是相当习惯政府的行政管制。对于与社会公共利益密切相关且数额巨大的建设工程，传统思维中更是倾向于国家管制。

（二）建筑市场本身管理和运行混乱情况迫使法律予以外部强制

工程项目从立项到竣工验收涉及的主体、程序都非常复杂，由于追逐利益的原因造成我国现有的建筑市场运行混乱，种种显然或暗然的违规行为层出不穷。在项目立项时就大量存在建设资金无法落实、建设项目不符合区域内社会经济发展需要的行政首长工程或政绩工程；上报的可行性研究报告流于形式的比比皆是。在招标过程中违标篡标行为屡禁不绝，完整项目被切割、随意更改评标办法、有意压缩编制标书期限、标底缺乏合理性等现象还大范围地典型存在。在评标过程中所谓的专家团队往往华而不实、里外串通，产生一系列的暗箱操作。对投标主体的要求也流于形式，只在乎表面的资质条件，往往是由低资质的施工主体或无资质个人借用符合资质要求的他人进行投标。最后确定的招标结果也多有违背经济可行性，招投标双方签订“黑白合同”，实际履行的合同与报批的合同截然不同，同时投标人偷工减料、以次充好的现象也屡见不鲜。建设合同履行中更是大量存在垫资承包、非法转包和违法分包，工程竣工验收的标准也没有严格执行，造成建设工程质量隐患。近年来，譬如“楼脆脆”“楼歪歪”等流行于建筑工程领域的新名词，普罗大众都耳熟能详，“豆腐渣工程”的含义大概妇孺皆知。这既损害施工方的利益，最终也损害建设方的利益。究其原因，是政府在投资建设项目时，根本没有带头遵守法律，没有改革政府投资工程管理方式，没有按照“建管分离、用建分离”和专业化管理的原则，建立权责明确、制约有效、科学规范的建设管理体制及运行机制。对于这种混乱的市场环境，唯一的解决办法是从立法上进行规范和管制。

三、建设工程合同缔结方式法律强制的意义

“维稳”是目前国家政治生活的主题词，建设工程出现问题，不利于社会稳定。如前所述的建筑工程领域的非正常现象值得我们反思，2008 年的汶川大地震更是让法律职业人关注建设工程合同领域，而安县桑枣中学奇迹般地保持屹立不倒更是对建筑工程领域所出现的问题的莫大讽刺，同时也发人深省。[①]

我国招标投标法正是出于维护社会公共利益的需要，对三类建设工程项目实行强制性招标；[②] 从招标投标制固有的优势看，由于它充分体现了市场竞争机制，招标人可以通过招标手段，利用投标人之间的竞争，进行“货比三家”“优中选优”，达到“投资省、工期快、质量高”的最佳目标。因此，尽管我国招标投标法只规定了几种强制招标的建设工程项目，并未要求所有的工程项目实行招投标制，但是招标人出于自身的利益考虑，也愿意通过招标投标制来选择承包人。这就是招标投标制成为现代建设工程合同缔结的重要方式的原因所在，从而在最大程度上防止暗箱操作与腐败，尽可能程度上保证工程质量，以利国计民生，维护社会稳定。

四、建设工程合同缔结方式法律强制的反思

招投标制度有利于规范建设工程合同领域的市场秩序，有利于维护社会

---

① 新华社记者朱玉、万一、刘红灿：《一个灾区农村中学校长的避险意识》，新华网四川安县 5 月 24 日电。

② 我国《招标投标法》第 3 条规定，对大型基础设施、公用事业等关系社会公共利益公众安全的项目，全部或部分使用国有资金投资或国家融资的项目，使用国际组织或外国政府贷款、援助资金的项目以及法律或国务院规定必须进行招标的其他项目，实行强制招标。

公共利益，是一项行之有效且应当长期坚持的制度。但我们又会心存疑问，在一种如此科学规范的制度下，工程建设市场依然存在着如此之多的非正常现象，问题何在呢？是否我国现行招投标制度设计上本身就存在缺陷呢？建设工程合同领域的种种迹象显示，通过招投标方式这种外在法律管制的制度设计并非是万能的。结合我国建筑市场的实际情况，本书揣测可能存在以下问题：

（一）理论认识与立法措施存有不足

我国《招标投标法》是从1999年开始实施的，当时的建筑市场仍然处于起步发展阶段，理论研究不足在所难免。而且，我国一贯采取“宜粗不宜细”的立法原则，先由立法机关制定粗略的法律条文，后由行政执法部门或司法部门出台具体的实施细则，这里又难免涉及部门的局限性和部门利益，所以，在建筑合同立法方面同样是不能周全的，导致了现行的招标投标法产生了许多问题，主要如下：

第一，现行法律规范存在极大的伸缩性，现有规范建筑工程招投标的法规主要包括《招标投标法》《建筑法》及有关部委的行政法规和地方类法规。《招标投标法》中的许多条款本身就给招标人和投标人设置了巨大的弹性空间，如第十二条赋予具有编制招标文件和组织评标能力的招标人自行办理招标的权利，第十八条禁止以“不合理的条件限制或排斥潜在投标人”，第二十八条对重新招标的次数以及重新招标后依然无效的情形没有作出规定，第四十六条规定招投标双方不得另行订立背离“合同实质性内容”的其他协议，但何为“合同实质性内容”没有规定，同时对已签订的所谓背离“合同实质性内容”的协议的法律效力也没有具体规定。对于这些条款的漏洞，如果依赖于当事人可能存在的道德约束，其结果将必然不尽人意。现实中的招投标竞争已经愈演愈烈，各投标主体呈现的投标方案差距越来越小，最后将可能由法律提供的弹性空间直接决定投标的结果。这与招标投标法所追求的目标是不符合的。只有更为详尽且可操作性强的法律规范才能确保招投标工作的合理公平，最大限度减少主观性。

第二，现行我国的建筑体制管理依然是条块分割，各法人单位是建设项目的承担者，按行政隶属关系接受其上级主管部门的管理。由于各项目法人未必具有独立有效掌控建设项目的能力，我国法律在招投标阶段引进招标代理制，施工阶段采用监理制度，并强化政府监督的范围广度和深度。实践中的种种问题往往在招投标阶段已经出现，招标代理制也未能对工程招投标过程贯彻“三公一诚”原则，即公平、公正、公开和诚实信用原则。究其原因，是体制缺陷。因为涉及国有资产使用的项目法人基本不是法律本质意义上的法人，它们是各级政府的代理人，现行的法律给他们提供了充分的弹性空间。在选择招标代理、资格审查、评标定标时，只有道德的约束才是他们诚信履职的最大压力。经济学理论认为，当行为人能够以较小的风险获得较大的个人利益时，行为人的利己性将可能战胜道德约束力。实践中存在“领导不干预，经办人员干预；项目业主不干预，招标代理人干预”的状况，充分地说明了这一切。

第三，建筑产品的特性便于产生调整空间。从理论上说，建筑工程作为期货商品，这种商品的非现货性必然引起需求者对其能否依约按实交付的不确定性产生极大的担忧，而对此可以依赖的因素是投标人的资信和以往业绩。现实中，在项目法人主体层层代理的情况下，建筑商品这种特性给代理人“寻租”提供了很好的借口。一般性建筑产品涉及的合同清单项目众多，工程施工、成本控制、预结算和财务处理都具有一定的伸缩度，由此存在“灰色利润”空间，这就是工程项目招投标“暗箱操作”的物质基础。而建筑市场的过度竞争更是使暗箱操作的手段越来越复杂，越来越难以监控。

第四，招投标各方主体尚未成为真正能够独立自主运作的市场主体。上面已分析现有体制下项目业主与其说是法律意义上的主体，不如说是各级政府的代理人。项目业主与各级政府的价值取向以及对权力掌握的差异，决定着招标代理人根本不能纯粹地从公平与效率角度进行运作，否则其业务只会越来越窄。在这种约束下，招标代理人实际上是按照业主的意愿帮助业主完成符合法规程序的招投标运作，选择符合业主主观倾向的中标人。依照目前的状况，更多的是追求招投标程序的形式性和合法性，至于实质上的公平合理早已不是各方主体所追求的目标。例如：就建筑施工主体而言，由于我国奉行了数十年的计划经济，使高等级资质的建筑施工企业必然由国有和集体占主导。作为民营企业，由于成立期限短暂，资金使用和积累受到限制，故他们拥有高等资质资格的机会自然不如前者。在建筑市场中，由于民营施工企业具有巨大的灵活性，得以支付获得建设项目的各项费用（例如公关费用），又可能采取各式各样的非法方式（例如回扣），由此较为容易获得施工项目。而这些对于国营企业来说都是无法解决的障碍，故在建设项目的争取上国营企业是远处于下风的。为了规避形式风险，招标人会抬高投标人的施工资质等级，这又实质制约了民营企业的发展，所以，在我国的建筑市场上大量地存在资质缺失的施工主体挂靠高资质的施工主体进行投标的情况。挂靠者将进行实质的工程施工并获取利益，被挂靠者只能收取微薄的管理费用。这种状况已经非常严重，国营企业的挂靠项目占其总业务量的70%～90%，自营项目微不足道。

第五，行政主管部门监管招投标工作存在困难。虽然现有法律赋予行政主管部门监督招投标工作，但由于现行法律规范较为粗略，缺乏可操作性强的实施细则。特别是法律规定的宣示性条款和主观性条款过多，导致行政自由裁量权过大，极易发生行政越位和缺位行为。目前，我国处于建设高峰期，建设项目规模大、数量多、分布广、技术复杂，许多建设项目法人作为一次性业主（例如项目公司）缺乏工程项目建设经验，各种问题大量涌现。行政主管部门同时又受其规模和能力的约束，监管力度更趋削弱。在行政手段上，建设行政主管部门仅依赖惩罚性的消极手段，缺乏前置性手段，造成行政管理的单调和滞后。这种状态最后将必然影响到建设市场的繁荣。

第六，评标专家委员会未能实现既定功能。《招标投标法》从法律上界定和强化了评标专家委员会在招投标活动中的地位，目的是减少项目业主对定标的直接影响，体现了项目评标的公平合理性。但这一预定功能在实际运作中并没有得到很好的实现。其原因如下：①由于评标专家的资格受到限制，只有在大、中城市才能建立评标专家库，且数量多少不均，至于更多的老少偏穷地区难以建立合格的评标专家库；②评标专家的思想道德素质及专业素养较难把握，近年来，所谓的专家评审也有趋于形式化的状况，致使专家遍地，为了追求库容指标，合乎法律硬件规定的专家基本都已入库，致使所谓专家质量高低不一；③对专家违法行为的约束力度不足，现有对评标专家的约束方式，更多停留在法律条文上，由于评标工作的特殊性，即使触犯法律，取证也较为困难，法律上的惩罚就更为软弱。对评标质量而言，目前更多依靠评标专家的自身道德约束，这种道德约束性在现实利益的影响下显得苍白无力；④现在招标项目众多，项目规模专业差异很大。在大多数项目中所谓的评标时间极其有限（例如数小时），在如此短暂的时间内，拿出高质量评标成果是不可能的，所以，现有的评标结果更多地体现了法律上的程序公平性而非实质公平性。因此，现有评标委员会更多充当招投标活动中“橡皮图章”的功能，而非真正的裁判者。至于评标专家参与“暗箱操作”或者存在评标腐败，就使评标专家委员会的设置更加流于形式。

（二）建设工程合同规范设计未妥善解决私法自治与法律强制的难题

建设工程合同领域是最典型的私法自治与法律强制难题的集中表现。不可否认，与直接发包方式相比，招标投标制发包费时长、费用大、程序复杂，合同的缔结受到更多的限制，亦即在很大程度上限制了合同自由。问题是，在建设工程合同领域，当事人的自治空间到底有多大？随着社会的发展，这个自治的空间是在不断扩大还是日益缩小？基于我国目前国情，此种合同缔结的管制是应该扩大还是应该缩小？这些问题其实是私法自治与法律强制的博弈在建设工程合同领域制度设计中最为集中的表现。

合同自由是私法自治的基础，是私法自治中最重要的一项原则。有学者将合同自由的功能总结为“简化与弹性”，[①] 此种论断十分在理。“简化”在于简化交易程序，从而减少建议的成本；“弹性”在于鼓励多样化的交易方式和交易内容，满足各种不同的交易需求，在不违反社会公共利益的前提下，当事人得以创设各种合同类型与合同内容。合同法作为规范各种自由交易的基本法，目的在于构建自由市场，因而，在很大意义上，合同当事人的此种自由实际上是市民社会的自由，这原则上是符合公共利益要求的。然而，我们也应当看到，上述自由是理想化状态下的自由，会不可避免地产生无序竞争，最终又会有害于自由市场的形成。因此，自由的市场是需要管制

---

① 苏永钦：《私法自治中的国家强制——从功能法的角度看民事规范的类型与立法释法方向》，载《民法七十年之回顾与展望纪念论文集（一）》，元照出版公司，2000年，第126页。

的市场，法律强制的功能在于弥补私法自治的不足，从而消除其中的不公平因素。问题是有法律外部强制的理由并不等于有必要予以强制，法律的外部强制是需要耗费成本的，此种成本包括制度的成本、效率牺牲的成本，还有基于法律管制产生的公权力异化成本（比如贪污腐化）；缔约强制与合同自由如何平衡就成为一个疑难问题，由于建设工程合同领域事关国计民生，就体现得更为明显。我们必须衡量法律外部强制所促成的利益高于其所造成的成本，这才有强制的必要，也才符合社会公共利益。从而带来的是，对私法自治毫无限制是否都能达到合同自由所预期的功能而符合合同正义，是法律规范所无法回避的问题；同样地，无论是以司法或行政的手段，对建设工程合同缔结加以限制，都构成对其的管制，管制在何种范围内得以合理化，也是法律规范所无法回避的问题。

结合以上对招投标制度理论与立法技术的分析来看，现行招标投标法出于规范管理建筑市场的政策考量，通过强制招投标的外部强制方式解决了很多建筑行业的混乱与无序的问题，但暴露出来的问题还是不少。从本质上看，建设工程合同领域本身应当属于私法自治的范畴，并赋予参与此种交易的主体尽可能的自治空间，国家原则上应当不主动干预和介入；然而建设工程合同的标的之价值及标的物于国计民生之重要性，稍有不慎，社会公共利益就有受损之虞，受害的不特定利益相关者更是非一般合同关系所能比拟，因此有必要从源头上就进行外部法律强制。强制招投标制度就是此种制度设计，也进行了相关规范配置。不过，问题的另一个方面是，此种立法政策考量时，立法者是否过于自信，不适当地高估了自己对建设工程合同的调控能力，低估了此种法律关系的参与人自身合理安排相互间权利义务的能力呢？从建设工程合同实行招标投标制度后，此种外部法律强制形式，其实际效果并不理想，究其原因，我们是否可以怀疑招投标制度本身存在设计漏洞，需要理论研究和立法技术层面双管齐下进行完善呢？

（三）建设工程合同缔结制度的规范设计尚未理顺公私法关系

有学者指出：“千头万绪而博大精深的民法学，有一条最基本的线索，这就是自治与管制。自治与管制的关系既是民法中最基本的问题，同时也是法治建设乃至国家治理中的永恒课题。"[①] 此种论断堪可赞同。申言之，自治与管制是公私法关系的理论总结，民法从价值取向、法律原则到法律规范配置问题都是围绕这个关系展开。由于建设工程合同的特殊性，如何围绕自治与管制做文章更是立法者高度重视的问题，这是一个浩瀚繁杂的系统工程，招投标制度只是立法者做出的重大努力之一，这实际上涉及的是作为公法的《招标投标法》与作为私法的建设工程合同制度的关系如何理顺的问题。

其实中央层面也意识到上述问题的解决刻不容缓，中共中央办公厅、国务院办公厅2009年印发的《关于开展工程建设领域突出问题专项治理工作的意见》（中办发〔2009〕27号）文件就指出："随着我国经济社会的不断发展，公共工程的建设需求不断增加，当前正处于公共基础设施建设的高峰期。由于建设规模大，而且工程建设的复杂程度也远远超过以往，工程建设市场的发育尚不完善，体制和机制等方面还未完全理顺，市场主体的诚信观念和履约意识还较为薄弱，综合执法体系有待进一步改进，市场违规行为和工程质量安全事故时有发生。"[②] 其中部分主要措施就是规范招标投标活动，着重解决规避招标、虚假招标、围标串标、评标不公、弄虚作假、泄密等突出问题，促进招标投标活动的公开、公平、公正；着重解决党和国家机关工作人员特别是领导干部利用职权违规干预招标投标、城乡规划审批、土地和矿业权审批出让以谋取私利等官商勾结、权钱交易的突出问题，坚决遏制工程建设领域腐败现象易发多发的势头。而这些措施最终的落实依然要回归到招投标行为的制度设计与规范配置。

有鉴于此，《招标投标法》并非是万能的，因为其规定比较粗糙，可操

---

① 钟瑞栋：《民法中的强制性规范——公法与私法接轨的规范配置问题》，法律出版社，2009年，第1页。

② 中共中央办公厅、国务院办公厅2009年印发的《关于开展工程建设领域突出问题专项治理工作的意见》（中办发〔2009〕27号）文件还指出："当前我国工程建设领域存在的突出问题，集中体现在以下六个方面：一是一些领导干部利用职权插手干预工程建设，索贿受贿；二是一些部门违法违规决策上马项目和审批规划，违法违规审批和出让土地，擅自改变土地用途、提高建筑容积率；三是一些招标人和投标人规避招标、虚假招标，围标串标，转包和违法分包；四是一些招标代理机构违规操作，有的专家评标不公正；五是一些单位在工程建设过程中违规征地拆迁、损害群众利益、破坏生态环境、质量和安全责任不落实；六是一些地方违背科学决策、民主决策的原则，乱上项目，存在劳民伤财的"形象工程"、脱离实际的"政绩工程"和威胁人民生命财产安全的"豆腐渣"工程。上述这些问题严重损害公共利益，影响党群干群关系，破坏社会主义市场经济秩序，妨碍科学发展和社会和谐稳定，人民群众反映强烈。"

作性不强。而毋庸置疑的是，建设工程合同关系在很大程度上是私法上的关系，具有公法因素的国家干预应当严格控制在社会公共利益的维度之内，否则此种法律强制的结果很有可能是南辕北辙，适得其反。比如建设工程合同缔结的法律强制范围到底有多大？建设工程合同的某些条款是不是也应该纳入到法律管制的范畴？建设工程合同强制招投标制度是否真的公正？下文将围绕这些问题进行一些深入的探讨研究。

第二节 建设工程合同招投标制度存在的法律问题及其解决

一、建设工程合同招投标范围的重新检讨

从我国现行法律来看，我国一直大力推行建设工程合同的强制招投标制度，凡按照规定应该招标的工程不进行招标，应该公开招标的工程不公开招标的，该建设工程合同一律无效。主流观点认为，招投标制度确实是一个好制度，解决了建筑工程合同领域的很多问题。然而，我国目前建筑市场的实际情况，又提出很多问题值得我们思考。招投标的强制范围到底要扩大还是缩小？如果说应该扩大，又该如何扩大？倘若说应当缩小，又该限定在何种范围之内？即到底哪些建设工程合同需要强制招投标？

我国的建设工程合同招投标制度的强制范围应当缩小，理由主要如下：

（一）以招标投标法制度设计目的为分析视角

招投标制度作为一种竞争机制，具有程序的法定性和强制性、信息的公开性和透明性、竞争的公平性和公正性、竞价的一次性和竞争性等方面的基本特点和优势。此种制度设计的目的在于获取最大限度的竞争、使参与投标的供应商或承包商获得公平和公正的待遇、使招标方依法买到便宜合用的货物，以及提高公共采购的客观性和透明度、节约采购资金、最大化提高采购效益、杜绝腐败和滥用职权等。从招标投标法的目的来看，并非对建设工程合同一概要求强制招投标才是本旨。以美国和欧盟为代表的国家和地区，也仅仅是对公共采购实行强制招标。考察这些国家和地区的规定，只有政府部

门、国有企业以及某些对公共利益影响重大的私营企业进行的采购项目达到规定金额的才需要实行招标。现在欧盟（包括各成员国）和美国将公用事业部门和传统公共部门的采购以中央政府部门和其他公共采购部门的区分为标准分别规定：对于中央政府部门的货物或服务采购金额，美国法律规定标的金额应达到13万特别提款权，欧盟法律的标准则是达到13万欧洲货币单位。货物与服务的招标金额额比工程建设项目要低，两者的差距达10倍以上；对于中央政府部门限额比对地方政府和其他公共采购部门的限额更低；公用事业部门中的水、电、能源和交通运输部门的采购限额又比电信部门采购限额低；两者相比较，欧盟的招标金额普遍比美国低，但欧盟中央政府部门的货物和服务招标限额除外。[①]

（二）以尊重当事人私法自治意愿为分析视角

建设工程合同领域毕竟属于私法领域，应当尽可能地尊重当事人的意愿，不能动不动就要求所有的建设工程合同都实行强制招投标，毕竟招投标制度的出发点更多地在于体现保障招投标当事人在更大范围内的贸易自由的利益。

但从我国的招标实践看，招标标的在货物方面主要是机电设备和大宗原辅材料；在工程方面主要是工程建设和安装；在服务方面主要是科研课题、工程监理、招标代理、承包租赁等。对此，《国家基本建设大中型项目实行招标投标的暂行规定》作了总结性的规定，即建设项目主体工程的设计、建筑安装、监理和主要设备、材料供应、工程总承包单位及招标代理机构，以及某些条件下建设项目及项目法人的确定、不涉及特定地区和不受资源限制的项目建设地点的选定、项目前期评估咨询单位的确定，都应当通过招标投标进行。我国《招标投标法》第3条将招标标的规定为“工程建设项目包括项目的勘察、设计、施工、监理以及与工程建设有关的重要设备、材料等的采购”，包括了工程建设及其相关的采购和服务，范围是比较宽的。如此宽泛的范围，无疑在很大程度上压缩了当事人私法自治的空间，在建设工程合

① 张莹：《我国招标投标的理论与实践研究》，浙江大学2002年博士学位论文。

同领域是否真的就没有私法自治的空间呢？其实，由于招标标的涉及的范围广，各国经济和贸易的发展状况各有千秋，因而随着各国现实情况的变化而不断被修正，修正的原因就在于深知强制招投标本身就是对建设工程合同当事人私法自治的限制。

（三）以减少主管官员权力腐败为分析视角

在招投标制度起源并相对发达的西方国家，市场按照购买人的标准划分为政府采购行为和私人采购行为。私人采购的方法和程序是任意的，或通过洽谈签约，或从拍卖市场买进，形式不受约束，是否使用招投标的方式，原则上属于当事人自由选择的权利，法律有特别要求的范围相当有限。而政府采购的方式则必须是招标，只有在招标不可能的情况下才能以谈判购进。从政府采购行为的角度来说，政府采购的资金来源具有公共性，主要来自于由纳税人缴纳税款形成的公共资金。这是政府采购与私人采购最大的区别。[①]政府和公用事业部门有义务保证其建立在税收支出之上的采购行为合理、有效、物有所值，并保证其采购行为公开、透明、能接受公众的监督。而在中国，限于现阶段的基本国情，不可否认的是，强制招投标制度实际上赋予了相关部门很大的行政权力。绝对的权利会导致绝对的腐败，这是一个亘古不变的道理。缩小强制招投标的范围，从很大程度上可以避免主管官员权力过大，从而尽可能地减少腐败。

有鉴于此，应对我国强制招投标范围的建设工程合同进行重大政策调整，不妨从资金使用来源和事关国计民生的社会公共利益角度考虑，缩小强制招投标的范围，限定如下五大类建设项目纳入必须进行招投标范围：①涉及社会公共安全、公共利益的基础设施项目，包括石油、天然气、煤炭、电力、新能源、交通、信息网络、道路等基础建设项目；②涉及社会公共安全、公共利益的公共事业项目，包括供电、供水等市政工程项目，科学、文化、教育、旅游、体育等项目；③使用国有资金投资的项目；④国家融资或

① 王小能：《政府采购法律制度初探》，《法学研究》2000年第1期，第82页。

授权特许融资的项目；⑤使用国际组织或外国政府资金的项目。[①] 同时，基于我国目前国情，对于上述被纳入招投标范围的五类在建项目，原则上规定如施工合约在人民币200万元以上，重要设备采购单项合约估价在人民币100万元以上，勘察、设计、监理等服务单项合约估价在人民币50万元以上；各项目单项合约估价均低于规定招标标准，但项目总投资在人民币3 000万元以上，均须采用公开招标及投标程序。当然，上述建设工程合同的标的额只是暂时的参考标准，随着社会经济的发展，不妨进行相应提高。

二、建设工程合同招投标程序的公正性问题

建设工程合同的缔结具有明显的程序性特色，因为从招标、投标、开标、评标、定标直至书面合同订立的整个过程，所经过的程序表现为不可跨越、不能逆转的特质。同时，其既存在招投标双方之间、招标人与代理机构之间平等的民事法律关系，也存在招标办监督管理指导的政府公共行政管理法律关系。因此，建设工程合同缔结过程中，应严格遵循招投标的公开、公平、公正及诚实信用原则。虽然有学者指出，“即使法律被仔细地遵循，过程被公正恰当地引导，还是有可能达到错误的结果——在这类案件中我们看到了这样一种误判：不正义并非来自人的过错，而是因为某些情况的偶然结合挫败了法律规范的目的”，[②] 但公正的程序得出欠缺公正的结果毕竟是相当少见的。

（一）关于招标公告的公正性问题

我国现有规范招投标程序的法律分别是《中华人民共和国招标投标法》和《中华人民共和国政府采购法》，根据《招标投标法》第10条之规定，招标分为公开招标与定向招标两种方式，即公开招标和邀请招标。其中公开招标是指招标人以招标公告的方式邀请不特定的法人或者其他组织投标；定向

---

① 关于招投标范围的确定，本书参考了我国台湾地区政府采购法第7条第1项，“本法所称工程，指在地面上下新建、增建、改建、修建、拆除构造物与其所属设备及改变自然环境之行为，包括建筑、土木、水利、环境、交通、机械、电气、化工及其他经主管机关认定之工程。”

② 约翰·罗尔斯：《正义论》，何怀宏等译，中国社会科学出版社，1988年，第81页。

招标是指招标人以投标邀请书的方式邀请特定的法人或者其他组织投标。从《招标投标法》第11条之规定而言，定向招标受到较为严格的控制，仅仅限于国务院发展计划部门确定的国家重点项目和省、自治区、直辖市人民政府确定的地方重点项目不适宜公开招标的，且须经国务院发展计划部门或者省、自治区、直辖市人民政府批准，方可进行定向招标。可见，建设工程合同原则上要求采用公开招投标程序。而公开招投标程序自公开发布招标信息始，也即招标作为要约邀请，它是整个招投标活动的第一道程序，然后才有后续投标、截标、开标、评标、定标（发中标通知书）并签订书面合同止。因此，如何看待招标公告的要求，招标公告的目的何在，就是值得我们重视的问题。

《招标投标法》第16条规定："招标人采用公开招标方式的，应当发布招标公告。依法必须进行招标的项目的招标公告，应当通过国家指定的信息网络、报刊或者其他媒介发布。招标公告应当载明招标人的名称和地址，招标项目的性质、数量、实施地点和时间以及获取招标文件的办法等事项。"本条表面看貌似规定得比较细致，但欠缺可操作性，首先是指定主体不明确，国家本身是一个虚位的概念，国家指定等于是没人指定；其次指定的信息载体到底是在国家级、省级报刊还是小杂志、小报纸等刊物上发布，对于招标公告及招投标结果的公开、公正、公平性及信息的获取都会产生重大影响，可见招标公告的发布就有很大的学问。在近年的招投标专项检查中发现，在很多强制招投标的建设工程合同中，很少将信息发布在法定的媒体上，因此，信息的传播受到限制，部分本身具有一定竞争实力的投标人来不及了解招标信息，或是来不及制作投标书而被排斥在招投标之外，从而降低潜在的投标单位的数量，为"内定"的中标人获得更大的中标机会提供条件。这样对部分与政府相关部门关系密切，且已参与投标的单位来说中标的概率将大大增加。对招标公告必须提出严格的要求，报刊的级别、字体、版面等应当一并考虑在内。因为我们知道信息不对称是必然的，而且我们都会关注到，社会中存在信息垄断的情形，既有正当的也有不正当的；信息本身具有动态性，特别是通过网络所发布的信息；而且，基于我国目前国情，核查信息的成本也是非常高的；再加上信息本身的可加工性与干扰性的特质，即使有人看到招标公告，由于获取信息的视角存在差异，对信息解读都会受到不同程度的制约影响。

从2009年国务院法制办发布的《中华人民共和国招标投标法实施条例(征求意见稿)》(以下简称《条例》)来看，试图解决这一问题，该《条例》指出：为方便投标人及时获取招标信息，提高招标工作的透明度，根据《招标投标法》和《国务院办公厅印发国务院有关部门实施招标投标活动行政监督的职责分工的意见的通知》(国办发〔2000〕34号)规定的原则，《条例》第12条规定："依法必须招标项目的招标公告，应当在国务院发展改革部门指定的报刊、信息网络等媒介上发布。其中，各地方人民政府依照审批权限审批、核准、备案的依法必须招标民用建筑项目的招标公告，可在省、自治区、直辖市人民政府发展改革部门指定的媒介上发布。""在信息网络上发布的招标公告，至少应当持续到招标文件发出截止时间为止。招标公告的发布应当充分公开，任何单位和个人不得非法干涉、限制招标公告的发布地点、发布范围或发布方式。"同时，该条例第68条规定了违法发布公告的责任。[①]

分析上述《条例》的两条四款规定，不难看出，该条例只是把信息发布制定部门由国家具体化为国家发展改革部门，明确了指定主体，值得肯定；但就刊物级别等更为重要的问题却避而谈之，依然缺乏可操作性，似有避重就轻之嫌。

其实，2000年经国家发展计划委员会主任办公会议讨论通过并发布施行的《招标公告发布暂行办法》(以下简称《办法》)倒是重视了这一问题。该《办法》规定，"国家计委根据国务院授权，指定《中国日报》《中国经济导报》《中国建设报》《中国采购与招标网》为发布依法必须招标项目的招标公告的媒介。其中，依法必须招标的国际招标项目的招标公告应在《中国日报》发布"；第8条规定，"在指定报纸免费发布的招标公告所占版面一

---

① 招标人或者其委托的招标代理机构有下列行为之一的，由有关行政监督部门责令限期改正，可以处1万元以上5万元以下罚款：(一)未在指定媒介发布依法必须招标项目的招标公告或者资格预审公告的；(二)招标公告或者资格预审公告中有关获取招标文件或者资格预审文件的办法的规定明显不合理的；(三)在两个以上媒介发布的同一招标项目的招标公告或者资格预审公告的内容不一致，影响潜在投标人申请资格预审或者投标的；(四)未按规定在指定媒介公示依法必须招标项目中标候选人的。依法必须招标项目未在指定媒介发布招标公告或者资格预审公告，构成规避招标的，按照招标投标法第49条规定处罚；提供虚假招标公告或者资格预审公告的，属于虚假招标，按照本条例第66条规定处罚。

般不超过整版的四十分之一，且字体不小于六号字”；第9条规定，“招标人或其委托的招标代理机构应至少在一家指定的媒介发布招标公告。指定报纸在发布招标公告的同时，应将招标公告如实抄送指定网络”。从这些条款的规定来看，具有较强的操作性。但遗憾的是，该《办法》作为规范性文件的仅处于部委规章这一法律位阶，作为一项调整民事法律关系与行政法律关系双重属性的招投标活动的法律规范而言，此种法律级别有失妥当；而作为行政法规的招标投标法实施条例未把这一可行的做法吸收进来，实在是立法的不小疏忽。

从目的性的角度出发，应对招标公告提出严格的要求，在最大可能的程度上规范招标公告，以防止暗箱操作。于建设工程公开招投标程序而言，可以确保投标人得到同等的对待，无论在获取招标文件、还是在截标时间的把握上，或者是在答辩、澄清之时等环节上都是平等的，体现着市场竞争；于招标人而言，通过规范的招标公告，可以招标公告为基础，理直气壮地参与整个招投标活动。而这种参与在很大程度上就变为一个互动过程，甚为超脱地展开接标、截标、开标监督，唱标与确认以及澄清和答辩等程序，因为事前准备工作即招标公告已经做得非常到位，从而真正做到“货比三家”“优中选优”，以期达到“投资省、工期快、质量高”的最佳目的，社会公共利益和私的利益都得到均衡保护；在招投标活动结束后，如果出现招投标活动的参与者对结果服气、监督者满意的“好结果效能”的话，公平择优的目的就达到了。有鉴于此，应将招标公告或办理资格审查之公告登载于统一的政府采购公报并公开于资讯网络，有关公告内容修正时，亦同。具体公告内容、公告日数、公告方法、公告格式及政府采购公报发行办法，由国务院决定。

（二）关于评标的公正性问题

强制招投标的建设工程合同，由于资金使用来源特殊，事关社会公共利益，招标人大多以政府或公权力部门为主体。同时不可否认的是，相当级别的政府领导热衷于公共建设项目招投标，一方面确实是为民办实事，另一方面则是追求政绩。而可怕的是权力的寻租，是腐败，特别是重大的公共建设项目往往有相当级别的机构和领导加以干涉，这与项目的投资有关，与我国领导的提拔任用制度相关。

在此种状况之下，评标机构的组成及其公正性就不免大打折扣，主要表现为：其一，个别政府部门代表担任评委，由于受政府部门领导等因素的影响，在评标之前对投标单位已有潜在意向，因此在进行评标时，政府部门代表会给评标专家发出一些倾向性建议，间接影响其他评委在评标时保持的客观性；其二，个别不是政府部门代表的评委由于私下已与意向投标人进行接触，在评标时有意地向其他评委进行诱导和暗示，从而引导其他不明真相的评委按照该评委的主观意向进行评审；其三，在评标中某些评委虽不会带有明显的倾向，但在评标时根据投标单位的不同进行报恩式的评标，即平时哪家投标单位对其不错，即使这个投标单位的标书在内容方面并不符合规定，其也不会指出，或是扣分，而对一些平时接触少的、关系一般的投标单位则打分较低，从而为关系不错的投标单位中标提供更多的机会；其四，在评标过程中，投标文件不符合招标文件要求时，评委在评标中所采用的标准并不相同，对意向投标单位的评审标准较低，对其他投标单位的评审标准更为严格。根据相关调查显示，在评标过程中，43%的评标专家曾听到政府部门评委的倾向性意见，55%的评标专家接受过投标人私下要求其在评标时给予照顾的要求，39%的评标专家对熟悉的投标人的标书中的问题不予质疑，52%的评标专家对投标单位的评审标准不一致。[①] 对于评委违法评标的情况，实践中时有发现，比如广东、深圳发生的评委违法评标现象。而由于收受贿赂，评分畸高畸低甚至集体舞弊情况都有出现。

（三）招投标暗箱操作的责任问题

在强制招投标的建设工程中，招投标人大多不敢公然违背招投标有关规定，但为了获取巨大的利益，往往通过暗箱操作，花招百出，主要表现为：一是在招投标程序启动前，已确定中标单位，招投标程序实际上仅为“走过场”而已，这就是“明招暗投”。其特点表现在刁难和迁就两个方面。对于

① 参见杨轶：《政府投资公益性项目招投标现存问题及其对策研究》，吉林大学2010年硕士学位论文，第20页。

不愿意其中标的单位，就人为设置限制条件，抬高招标的门槛，比如要求其提供巨额保证金，使非中意之投标方无论做出何种努力，均不可能成功中标；对于已定的投标单位往往根据其特点量身定做招标条件，比如降低投标单位资质、项目经理资质、注册资本等，或在评标方法上对其人为迁就，以确保其中标。这里的招投标程序形同虚设，仅为遮羞而已。二是串标。表现为投标人在投标前已经相互串通，整体压低或抬高报价，借以排斥其他投标人的公平竞争，降低其中标机会，或损害招标人的利益；还可能表现为投标人相互串通参与投标，明为对手，实际暗中联手，只要其中有人中标，其他投标人则会要求参与分配利益。三是围标。表现为在投标的各投标单位中，只有内定的中标人才会向招标人发出可靠的投标方案，其他投标人的方案基本上是形同虚设的，或者表现为所有的中标人都是同一实际施工人寻找的，例如采取挂靠方式，向招标人分别投标，无论何单位中标，其实际的施工人并不产生变化。

为什么会出现上述情况，而且有愈演愈烈的趋势呢？这是因为我国的《招标投标法》及相关法律仅仅规定行政责任与刑事责任，极少规定民事责任。比如对于必须招标而不予招标、肢解招标项目或者采取其他方式的规避招标的行为，其主要法律后果是责令改正或处以中标项目金额千分之五以上、千分之十以下的罚款；对于招标代理机构泄密或与招标人、投标人串通损害国家利益、社会公共利益或他人利益的，其主要法律后果是处以中标项目金额5万元以上、20万元以下的罚款；对于投标人相互串标或与招标人串标的行为，或投标人以行贿的方式谋取中标，其主要法律后果是中标无效，处以中标项目金额千分之五以上、千分之十以下的罚款；尤其是对于评标委员会委员私自收取他人财物或其他好处的，其主要法律后果是剥夺评标委员资格、给予警告、没收财物，可以处以3 000元以上、5万元以下的罚款。[①]由此可见，违法的处罚力度和处罚措施与违法人所能谋取的利益相比，违法成本并不高，这样的措施是难以有效遏制违法者的贪婪和投机心理的。值得注意的是，由于招投标行为的复杂性，尤其表现在专业技术上，令执法者对

---

① 参见《中华人民共和国招标投标法》第49－64条。

违法行为的调查取证和认定更具困难。同时，由于地方政府保护、行政干预和权钱交易的腐败现象也不少见，这些都使违法行为曝光并遭受处罚的机会大大减少，反而形成违法行为蔚然成风，大行其道，造成几乎无标不假的局面。有鉴于此，招标投标法对于属于强制招投标范围的建设工程合同，宜加重行政处罚与刑事责任的力度，同时对于因违法行为受益之人课以损害赔偿责任，使其违法成本大于受益成本，消灭其投机心理。

第三节 建设工程合同成立阶段的法律约束力

随着我国工程建设法律制度的不断完善，建设工程合同缔结基本上要经过强制招投标程序，涉及有关赔偿责任的争议也在不断增加。这些争议的解决有赖于进一步深入研究建设工程合同成立的法律效果，比如对于关于招标人与投标人各自行为责任的法律性质，理论中目前尚无定论。本书拟从招标、投标、中标、缔约过失责任等方面分别加以阐述。

一、招标阶段的法律约束力

一般来说，在建设工程合同的招标阶段，依据我国《招标投标法》及建设工程合同领域的交易习惯，原则上要求招标公告发布或招标邀请书发送后，在招标有效期限之内，招标人无权修改招标文件内容或者再行撤回招标文件。招标人擅自改变或撤回已发出的招标文件，构成欺诈，要承担相应法律责任。只是其责任性质如何，值得研究。因为招标虽属于要约邀请，具有要约邀请的一般特性，但它与一般的要约邀请又有区别。作为一种突显竞争性签订合同方式，招标自有一套独特的操作规程。招投标程序从招标开始，分别经历投标、开标、评标、定标等程序，至双方签订正式建设工程合同，各个环节相互衔接，不可逆转。招标人发布招标公告或发送招标邀请书的目的，是引诱相对方在限定的招标有效期限内参加投标，最后选择中意投标人。为了确保招标投标程序的顺利完成，最终成功缔结建设工程合同，就必然要求保证招投标程序诸环节的相当之稳定性。于投标人而言，因其只有一次投标权，投标后不得再对投标内容进行修改，就必须在招标文件规定的期限内妥善安排投标准备工作。因此，在招标公告或招标通知书发出后，招标人就不得再改变招标条件。

基于上述逻辑，招投标行为一经做出之后，就具有强大的法律约束力，无论是招标人抑或是投标人，都要受自己行为后果的约束。实践中，招标人为了取得选择投标人的主动地位，往往招标文件中作如下规定："招标人在签约前任何时候均有权接受或者拒绝任何投标，宣布招标程序无效，或者拒绝所有投标，并对由此引起的对投标人的影响不承担任何责任，也无须就这样做的理由通知受影响的投标人。"诸如类似规定对投标人明显不利，此种条款是否具有法律约束力呢？有学者认为，基于招投标程序的公平、公正和诚实信用原则的要求，也为了尊重合同当事人的私法自治，世界各国和地区的通行做法是，对上述条款作狭义解释，认为其损害公平交易权，直接判定为无效。①

招标有效期限属于要约邀请阶段。只要招标人不违背诚信原则之要求，应当容许其对招标文件进行补充、修改，甚至撤销招标公告。不能简单认定上述条款是招标人的过分要求，因损害公平竞争而无效。即使投标人已经为投标做了准备，若未给投标人造成损失的，招标人也无须承担违约责任。理由是：其一，投标人作为建设工程合同的潜在缔约对象，是有专业知识、专业技能且熟悉工程建设领域的商人，应该预见合理的商业风险。上述招标人的要求就属于商业风险的范畴，因此遭受的损失，不能由招标人承担违约责任。其二，在招标有效期间，不可避免地会出现招标人意想不到的情况，致使其无法继续招标或无能力继续招标。此时，若不容许招标人改变（包括澄清、补充、修改和撤回）已发出的招标文件，会导致招标人处于危难境地，造成不公平的结果。其三，根据《招标投标法》第23条之规定："招标人对已发出的招标文件进行澄清或者修改的，应当在招标文件要求提交投标文件截止时间至少十五日前，以书面形式通知所有招标文件收受人。"可见，我国现行法律也对招标人的上述行为持肯定态度。

---

① 孙琬钟主编：《中华人民共和国招标投标法释义与适用指南》，中国人民公安大学出版社，1999年，第171页。

当然，话说回来，虽不存在违约责任，但招标阶段，若因招标人的不合理行为，致使投标人遭受了超出商业风险之外的损失的，还是有可能产生缔约过失责任的。根据《合同法》第42条之规定，当事人在订立合同过程中，以缔结合同为名，实为进行恶意磋商、或者故意隐瞒与缔结合同有关的重要事实，或者提供虚假情况，或有其他违背诚实信用原则的行为给对方造成损失的，应当承担损害赔偿责任。由此可见，招标阶段，招标人是否承担法律责任，关键在于招标人是否有违背诚实信用原则的行为。[①] 为了确保公平，避免招标人恶意招标，造成投标人承担超出商业风险之外的意外损失，我国现行招投标制度以下事项有待完善：其一，对于招标人擅自改变招标文件的，应当允许递交投标文件的投标人诉求法院救济，请求法院判令招标人撤回新的招标条件，要求招标人按照原招标条件继续进行招标；其二，对于招标人按照法定程序的招标条件之改变，允许投标人请求退还因购买招标文件而支付的费用及其他相关费用，或允许已经投标人重新修改标书，因修改标书而多支出的费用由招标人承担；其三，对于招标人在开标后撤回招标的，若投标人应招标人要求提交过投标保证金的，除责令招标人退还投标人的有关费用外，还应责令招标人双倍返还投标保证金；其四，开标后，双方当事人均负有于合理期限内缔结建设工程合同的义务，招标人借故拒绝签订合同的，应当依法承担法律责任，包括赔偿由此而给中标人造成的经济损失；其五，一经开标后，无论出现何种情况，绝不容许招标人再行修改招标条件，否则，招标人应赔偿包括中标人在内所有投标人因此遭受的损失。

二、投标阶段的法律约束力

一般来说，在建设工程合同领域，投标人发出标书之后，原则上无权再修改标书或撤回投标，更不容许就同一招标作两次或者两次以上的投标。招投标制度的本旨是鼓励竞争、防止垄断。为确保招投标程序之公平、公正，

---

① 比如水利部颁布实施的《水利工程建设项目招标投标管理规定》第55条就有如此规定："由于招标人自身原因致使招标工作失败，招标人应当按投标保证金双倍的金额赔偿投标人，同时退还投标保证金"。然而，现在我国《合同法》及《招标投标法》欠缺相关规定。

在投标阶段，所有投标人都难以知悉标底，也互不知道其他投标参与人的标书内容，且秘密报送标书，若公开标书内容或允许作两次以上的投标，就很难实现通过竞争选择最优中标人。因此，投标是一次性的，在招标有效期间，投标人也不得随意修改标书或撤回投标。否则，应认定为构成废标，丧失竞标权。

然而，在工程建设项目投标中，投标人为了获取中标，通常做法是高报施工方案和质量目标，低报工程价款和工期目标。中标后则不按投标文件履行中标合同，项目结束后，各项目标均未达到，致使招标人遭受很大损失。由于我国《招标投标法》对此未作清晰规定，招标人的违法行为究竟该承担何种法律责任，颇为值得研究。投标行为的法律责任因投标属于“要约”效力所致，要约的效力在于“一旦受要约人承诺，要约人即受该意思表示的约束”。从这个意义上讲，不允许投标人，也不允许中标人在此过程中出尔反尔。[①] 否则，构成缔约上的过失责任，须向对方赔偿因此遭受的损失及为缔约而支出的必要费用。

是否绝对禁止投标人修改标书呢？这也不尽然，只是标书修改必须符合我国《招标投标法》的有关规定。[②] 具体要求是：①对于投标人提出补充、修改或者撤回投标请求的，应在招标有效期间提出；开标后，修改标书的行为一律无效；②对于标书补充、修改或撤回的，须以书面方式进行，且须经投标人授权代表签字，否则一概无效；③对于在开标后要求撤回投标，必须提出充分而且详细的书面理由，说明投标人存在主体资格消失、被宣告破产或者中标后确实无力履行中标合同或者履约将给其带来巨大的财产损失等情形。需指出的是，即使上述情形得到招标人谅解，投标人不得请求减轻或免除撤回投标所应承担的民事责任，更不能拒绝承担民事责任；④投标人中标之后，不得借故拒绝签订合同，否则要赔偿招标人因此遭受的经济损失。[③]

---

① 《国家电网公司招标活动管理办法》第61条规定：“业主单位（招标人）和中标人应自中标通知书发出之日起30日内，按照招标文件和中标人的投标文件订立书面合同，所订立的合同不得对招标文件和中标人的投标文件做实质性修改；业主单位和中标人不得再行订立背离合同实质性内容的其他协议。”

② 参见《招标投标法》第29条、第45条、第59条、第60条。

③ 此处所谓的经济损失，笔者认为主要是招标人前后两次组织招标的费用。

三、中标通知书发出后的法律约束力

一般来说，招投标过程确实体现了缔结合同的私法自治，但中标通知书所昭示的则最大程度上体现着强制性。虽然《合同法》第4条规定，当事人依法享有缔结合同的自由，任何单位和个人不得非法干涉。且合同自由亦是当事人订立合同应遵守的基本原则，它是指在订立合同过程中，当事人法律地位平等、当事人行为自愿。但这里存在着一个特别法优先于普通法的法律适用问题。在招标投标过程中，相关当事人的法律地位是平等的，其行为遵循自愿原则，在这一前提下完成要约、承诺的合同订立过程。显然，这里所谓的平等自愿是指合同订立过程中的平等与自愿，而不是指中标后订立合同时的随意性，不能曲解为中标后，招标人或中标人想订立合同就订立合同，不想订立就可以不订立。因此，招标人或中标人不得以“平等自愿”“没有订立书面合同”为借口，改变中标书的结果、变更中标人或放弃中标项目，更不得以此为借口，抵赖、逃避法律责任。

实践中，许多采购或建设项目在发出中标通知书后，招标人拒绝与中标人签订合同或改变中标结果，还有一些中标人放弃中标项目，但均得不到任何制裁，这提出的问题是：中标通知书发出后，会产生何种约束力，也即相应法律责任究竟是什么？要回答这一问题，我们必须弄清楚如下两个问题：

（一）中标通知书发出后是否容许实质性变更招投标文件

从我国现行法律规定来看，中标通知书发出后即意味着定标，而定标后是根本不允许实质性变更招投标文件的。因为国家发改委等7部委于2005年3月1日联合发布的《工程建设项目货物招标投标办法》第51条规定：“招标人和中标人应自中标通知书发出之日起30日内按照招标文件和中标人的投标文件签订书面合同。招标人和中标人不得再行订立背离合同实质性内容的其他协议。”该办法还规定：“招标人不得向中标人提出压低报价、增加配件或售后服务量以及超出招标文件规定的违背中标人意愿的要求，依此作为发出中标通知书和签订合同的条件。”由此看出，中标通知书对招标人和中标人均具有法律效力。

当然，我们也应注意，定标有时并不意味着招标人对中标人的完全接受。招标人可以就某些细节与选定投标者再作进一步磋商。《合同法》第31条也指出，对要约作非实质性变更的，除非要约人及时反对或要约明确表明不得作任何变更外，该承诺即为有效。即招标人一旦发出了中标书，即使对中标者不尽满意，一般也只是针对一些非实质的条件而言。如有关合同标的、数量、质量、价款或报酬、履行期限、履行地点和方式、违约责任、争议解决方法等的变更，则属于对投标的实质性变更，是法律所不允许的。

（二）中标书发出后合同是否成立

中标通知书发出后，合同是否已因承诺生效而成立呢？这在司法实践中争议较大。因为，对此问题的不同回答将导致最终承担的责任性质完全不同。如果说中标通知书发出，合同已经成立的话，此后违反，则应承担违约责任；如果认为合同此时不成立，违反则应承担缔约过失责任。

根据《合同法》第25条规定："承诺生效时合同成立。"因此，有人认为，确定中标通知书具有导致合同成立的法律效力，是维护招标投标人合法权益及招标投标制度权威的必然要求。其理由是：经过招标、投标、开标、评标、定标等一系列的法定程序，中标通知书的法律效力如果不能导致合同的成立，招标人和中标人擅自毁标，致使建设工程项目不能由竞争中取胜的中标者承建，那么不仅严重损害了对方当事人的利益，而且必然严重损害招标投标制度的权威，《招标投标法》将变成一纸空文。[①] 笔者认为，此种认识值得商榷。因为，根据我国《招标投标法》中标通知书发出后，承诺虽发生法律效力，但在书面合同订立之前，合同尚未成立。《招标投标法》的这种特殊规定是为了适应招标投标的特殊情况，更加有利于对招标人和投标人双方的约束，否则《招标投标法》第45条没有必要规定："中标通知书发出后，招标人改变中标结果的，或者中标人放弃中标的，应当依法承担法律责任。"

---

① 参见毛亚敏：《论中标通知书的法律效力及毁标行为的法律责任——兼论我国〈招标投标法〉及〈合同法〉的完善》，载《政法论坛》2002年第8期，第32页。

本书以为，《合同法》是基本法，《招标投标法》是特别法，对中标书生效有特别规定的，还应以《招标投标法》的规定为准。中标通知书发出后，无论是招标人擅自改变中标结果，还是中标人擅自放弃中标项目，理应承担法律责任。但是这种法律责任并不是我们通常所认为的违约责任，因为此时合同尚未成立，这种法律责任是指缔约过失责任，由于招标人或者投标人的上述行为违背了诚实信用原则，给对方造成损失的应当承担赔偿责任，赔偿的范围不包括因为合同的订立所期望得到的利益，仅赔偿一种信赖利益的损失。因为通过招投标方式签署合同具有其特殊性，事实上，双方也都准备在中标后签订书面的合同书，《招标投标法》第 46 条也规定："招标人和中标人应当自中标通知书发出之日起 30 日内，按照招标文件和中标人的投标文件订立书面合同。"因此，无论从法律规定还是当事人的约定来看，中标通知书不是合同订立的标志，而只是双方"合意"的证明，《合同法》第 32 条规定：当事人采用书面形式订立合同的，自双方当事人签字或盖章时合同成立。因此，在招标人向中标人发出中标通知书后，双方正式订立书面合同之前，合同尚未成立。这个过程中如发生"弃约"行为，是不存在违约责任问题的（但有缔约过失责任）。

我们还需注意，根据《合同法》第 36 条规定，即使规定应采用书面合同，在没有订立书面合同前，如有其他证据证明合同已成立的，如交货履行，如入场施工，且买方也实际接受，则合同实质上已进入履行阶段，合同当然成立。此时如有"弃约行为"，则必然是违约责任追究的范畴。

四、关于缔约过失责任

通过上述分析得知，在中标通知书发出后（合同签订之前），招投标双方违反诚实信用原则的行为，必然承担缔约上的过失责任。在定标后，此种缔约上的过失责任主要表现形式有：一是对招标人的约束。根据《工程建设项目货物招标投标办法》有关规定，中标通知书发出后，对于招标人擅自改变中标结果的，无正当理由拒绝与中标人缔结合同的；或者在签订合同时向中标人提出附加条件或者对合同实质性内容改变的，由有关行政主管部门给予警告，责令改正，根据情节可处3万元以下的罚款；中标人因此遭受损失的，可请求赔偿损失。二是对中标人的约束。中标通知书发出后，中标人放弃中标项目的，无正当理由拒绝与招标人签订合同的，在签订合同时向招标人提出附加条件或者对合同实质性内容改变的，或者拒不提交履约保证金的，招标人可取消其中标资格，并没收其投标保证金；给招标人的损失超过投标保证金数额的，中标人应当对超过部分予以赔偿；没有提交投标保证金的，应当对招标人的损失承担赔偿责任。在建设工程合同实务中，类似情形实属常见。

【案例】2002年11月，某房产公司就一住宅建设项目进行公开招标，甲建筑公司与其他建筑公司共同参与了投标。结果由甲建筑公司依法中标。2002年12月，房产公司就该项工程建设向甲建筑公司发出了中标通知书。收到中标通知书后，根据房产公司提出的为抓紧工期，先做好施工准备、后签工程合同的要求，甲建筑公司进行了施工准备，并配合完成了项目的开工仪式。但是，工程开工后，还没有等到正式签订承包合同，双方就因为对合同内容的意见不一致而发生了争议。2003年3月，房产公司明确函告甲建筑公司："将另行确定施工队伍。"经过多次协商不成，甲建筑公司诉至法院，要求房产公司继续履行合同。在法庭上，甲建筑公司指出，房产公司既已发出中标通知书，就表明其对甲建筑公司在招投标过程中的要约已经承诺且生效。根据《合同法》第25条"承诺生效时合同成立"规定，双方建设工程施工合同已经成立。因此，房产公司应当继续履行合同。但房产公司辩称：虽然已发了中标通知书，但这个文件并不产生合同效力，且双方的合同尚未签订，因此双方还不存在合同上的权利义务关系，房产公司有权另行确定合同相对人。法院依据双方招标投标文件进行调解，后由房产公司补偿甲建筑公司直接经济损失100余万元。[1]

（一）理论与司法实践中的争议

在目前建筑市场上类似上述案例的案件并不少见，看似没有争议，发包

① 参见彭尚银等主编：《工程招投标与合同管理》，中国建筑工业出版社，2005年，第98－111页。

方均应承担缔约过失责任。问题是，我国《招标投标法》第45条第2款规定："中标通知书对招标人和中标人具有法律效力。中标通知书发出后，招标人改变中标结果的，或者中标人放弃中标项目的，应当依法承担法律责任。"该款规定虽有规定实际上等于没有规定，因为法律责任一词是个非常模糊的用词，缺乏直观性和可操作性，导致责任性质无法明确，即无法确定是缔约过失责任还是违约责任。同时，如本书前述，由于对于中标通知书的法律性质及法律约束力认识不一，导致理论上和司法审判中一直存在着两种截然不同的看法。一种观点认为：中标通知书是招标人对中标投标人的一种承诺，根据《合同法》第25条规定："承诺生效时合同成立"。按《招标投标法》的规定，中标通知书一经发出，就具有法律约束力。因此，招标人一旦发出中标通知书，建设工程合同即告成立，任何一方毁标均应承担违约责任。另一种观点认为：尽管中标通知书是招标人对中标投标人的一种承诺，但根据《招标投标法》第46条的规定，中标通知书的法律效力在于，招标人和中标投标人应当在中标通知书发出后三十日内签订书面合同。中标通知书的发出，并不意味着合同的成立。任何一方毁标，违背了诚实信用原则，应承担缔约过失责任。责任性质认定还不是最关键的问题，最为重要的是该认定会对损害赔偿范围产生根本性影响。

（二）本书的认识——基于缔约上过失责任理论的分析

缔约上的过失责任，是指缔约人故意或过失违反先合同义务而给对方造成信赖利益或固有利益的损失时应依法承担的民事责任。所谓先合同义务是指缔约人双方为签订合同而互相磋商时依诚实信用原则逐渐产生的注意义务，而非合同有效成立后所产生的给付义务，它包括互相协助、互相照顾、互相保护、互相通知、互相忠诚等义务。[1]

缔约上过失责任的理论，是德国著名法学家耶林最早系统提出的。1861年他在《耶林法学年报》第4卷发表的"缔约上过失，契约无效与未臻完全时的损害赔偿"一文中首次系统地阐述了缔约上过失责任理论。耶林关于缔

---

① 参见马俊驹、余延满：《民法原论》（第4版），法律出版社，2010年，第539页。

约上过失责任的理论，不但学说对此倍加关注，而且被一些判例所承认，还被某些立法所采纳。如《德国民法典》在错误的撤销、自始客观不能和无权代理的情况下承认了缔约上过失责任。后为了适应商品经济的发展，弥补合同法和侵权行为法的欠缺，通过判例及学说将缔约上过失责任发展为一般原则，形成了一个制度。2002 年的《德国债法现代化法》则将其法典化[①]。法、日民法虽然明确规定缔约上的过失责任，但司法实践中有不同程度的适用。1940 年的《希腊民法典》和 1942 年的《意大利民法典》则确立了缔约上过失责任的一般原则。《国际商事合同通则》和《欧洲合同法原则》对缔约上的过失责任也作了明确规定[②]。在我国以前有关民事立法中，虽然在合同无效、被撤销的情况下承认了缔约上的过失责任，但严格上说，并没有建立完善的缔约上过失责任制度，这显然不利于促成交易，维护交易的安全。我国《合同法》（第 42 条）为了适用市场经济培育与发展的需要，明确系统地规定了缔约方的过失责任制度，并对其作了一般性规定。

缔约人一方违反了先合同义务，是缔约上过失责任产生的首要条件。如无此事实，则根本无缔约上过失责任可言。然而，此先合同义务作为一种法定义务，并非自缔约双方一开始接触即产生，而是随着向有效成立合同关系的逼进而逐渐形成，并随着合同关系的发展而发展。那么，先合同义务从何时产生？我国学者们认识不一。有的认为先合同义务从要约生效时开始产生[③]；有的则认为在某些情况下，并不存在要约，但合同当事人却基于信赖而受损，出于公平与诚信的考虑，也会存在缔约过失责任。因而，先合同义务并非是从要约生效时开始产生的；德国的判例及学说认为，不能够因某人无具体买卖意图或者仅为暖和身子而进入商场来认定商场不可能有缔约过失责任，因为百货商场的装潢也在与这些人“沟通”，并兴许在以后引起“买受行动”[④]。2002 年的《德国债法现代化法》则明确规定，先合同义务可通过如下方式成立：开始合同磋商；合同一方当事人于一种类似法律行为的关

---

① 参见修订后的《德国民法典》第 241、第 311 条和第 2、3 款。其理论基础是所谓于合同成立之前所存在的法定债的关系。

② 参见《国际商事合同通则》第 2.15 条和第 2.16 条、《欧洲合同法原则》第 2.301 条和第 2.302 条。

③ 参见崔建远：《缔约上过失责任论》，载《吉林大学学报》（社科版）1992 年第 3 期。

④ 参见［德］迪特尔·梅迪库斯：《德国债法总论》，杜景林等译，法律出版社，2004 年，第 105 页。

系而赋予或信赖合同另一方当事人影响其本人权利、法益及利益的机会时的合同准备；其他类似的交易联系。[①]"合同准备"时，要约可能根本不存在；所谓"其他类似的交易联系"的当事人，是指潜在合同的当事人[②]。既然如此，更无要约生效可言。因此，当事人是否负有此等义务，应视具体缔约磋商接触情形，依诚实信用原则而决定[③]。

构成缔约上过失责任，最为关键的一点是未违反先合同义务一方须遭受损失。未违反先合同义务一方遭受的损失，既可以是信赖利益的损失，也可以是固有利益的损失。然在此值得注意的是：我国许多学者认为，只有在合同尚未成立，或者虽然成立，但因为不符合法定的生效要件而被确认无效或被撤销时，缔约人才应承担缔约过失责任[④]。笔者认为，只要缔约人或缔约辅助人因其过错违反先合同义务且造成对方当事人损失的，其就应承担缔约上的过失责任，至于合同是否成立、合同是否有效与缔约过失责任是否产生之间并无直接的关系。在缔约人或缔约辅助人违反先合同义务，但并未损害对方的固有利益，且合同有效生效时，违反先合同义务的一方之所以不承担缔约上的过失责任，并非因为合同有效且生效，而是因为对方不可能有所谓信赖利益的损害，根本不构成缔约上的过失责任。进一步而言，如果缔约人或缔约辅助人违反先合同义务的行为造成了其固有利益的损害，即使合同有效且生效，违反先合同义务的一方亦应承担缔约过失责任，因为履行利益并不包含或代替固有利益[⑤]。

鉴于以上两点分析，既然缔约过失责任的产生前提并未要求合同实际成立，因此，建设工程合同中标通知书发出后，任何一方有违其要求，构成缔

① 参见修订后的《德国民法典》第311条第2款。

② 参见朱岩：《德国新债法条文及官方解释》，法律出版社，2003年，第126页。

③ 参见王泽鉴：《民法学说与判例研究》（第1卷），中国政法大学出版社，1998年，第97-98页。

④ 参见王利明：《合同法研究》（第1卷），中国人民大学出版社，2002年，第310页。

⑤ 德国学者认为，违反先合同义务的行为给对方身体及所有权造成损害的，缔约过失责任的产生与订约与否可能是完全不重要的；如果没有成立有效的合同，损害赔偿义务只能够由缔约过失产生；在合同生效时，损害也可以表现为一方因另一方具有过错而订立有效的、对自己构成妨碍的合同，而这通常意味着解除合同。参见［德］迪特尔·梅迪库斯：《德国债法总论》，杜景林等译，法律出版社，2004年，第95-104页。我国台湾地区有的学者将缔约过失分为三类：无效契约缔结上的过失、有效契约缔结上的过失、契约缔结准备过程的过失。参见刘得宽：《契约缔结过程上的情报提供义务》，载台湾《法学丛刊》第171期。

约过失责任，是没有疑问的。受损方可以请求违反先合同义务的一方赔偿信赖利益和固有利益的损失。所谓信赖利益的损失主要包括：①准备缔结建设工程合同的订约费用；②履行建设工程合同费用，包括准备履约所支付的费用和实际履约所支付的费用；③支出上述费用所失去的利息；④合理的间接损失，即丧失与第三人另订合同的机会所产生的损失[①]。然而如果只造成受害人信赖利益损失的，许多大陆法系国家的判例与学说认为，信赖利益的赔偿原则上不能超过履行利益，即受害人所应获得的信赖利益的赔偿数额不应该超过有效且得到实际履行的情况下所应获得的全部利益[②]。由于在许多情况下信赖利益的损失难以确定，这种限制对于防止信赖利益赔偿的漫无边际，确有其合理之处。并认为受害人因自己的过失，误认契约成立或生效者，根本不得请求赔偿[③]。我国《合同法》对此未作规定，宜作相同的解释。

同时，在建设工程合同有效且生效时，受损方可以请求违反先合同义务的一方赔偿固有利益的损失。然在此值得注意的是，《欧洲合同法原则》第4.117条规定：

（1）只要对方当事人知道或本应知道错误、欺诈、胁迫或获取过分利益或不公平好处，有权依本章规定宣布合同无效的一方当事人可以从对方当事人获取损害赔偿，以使宣告无效方当事人尽可能地处于如同其未曾缔结合同一样的状态。

（2）如果一方当事人依本章的规定拥有宣布合同无效的权利，但却没有行使其权利，或者根据第4.113条和第4.114条的规定丧失了其权利，在符合（1）的条件下，他可以对因错误、欺诈、胁迫或获得过分利益或不公平好处而给自己造成的损失获得损害赔偿。当该方当事人在第4.106条的意义

---

① 然亦有学者认为，信赖利益的损害包括“所受损害”和“所失利益”，前者称积极损害、直接损失，指被害人既存财产减少而所受之损害，例如，因身体受伤所支出的医疗费用，货车被撞而减损的价值；后者称消极损害、间接损失，指现有财产应增加而不增加所受的损失，如因身体受伤不能工作减少的工资。参见叶建丰：《缔约过失制度研究》，载梁慧星主编：《民商法论丛》（第19卷），金桥文化出版（香港）有限公司，2001年。此种认识显然将信赖利益与固有利益混淆了，也没有把大陆法系的信赖利益与英美法系中的信赖利益加以区别。参见林诚二：《信赖利益赔偿之研究》，载林诚二：《民法理论与问题研究》，中国政法大学出版社，2000年；［美］L. L. 富勒、小威廉·R. 帕迪尤：《合同损害中的信赖利益》，韩世远译，载梁慧星主编：《民商法论丛》（第7卷），法律出版社，1997年。

② 参见《德国民法典》第122条和第307条。

③ 参见《德国民法典》第122条；我国台湾地区“民法典”第91条、第110条及第247条。

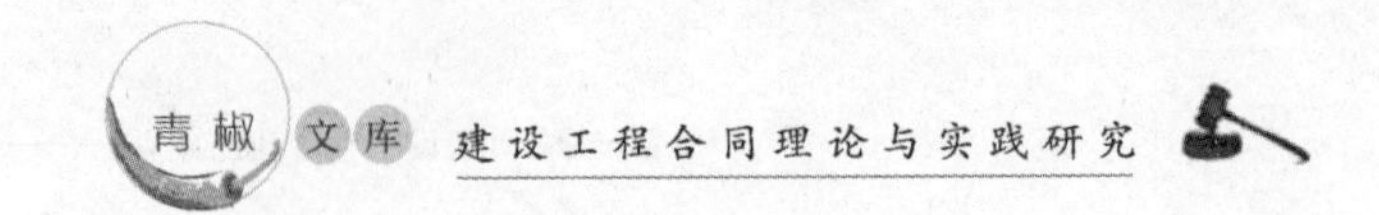

上被不正确的信息误导时，亦应适用同样的损害赔偿的计算方法。”

我国有的学者主张，在完善我国有关立法时，应承认合同有效的缔约过失，允许受害人不撤销合同而直接以缔约过失为由请求过错方赔偿损失；或者，仿效《欧洲合同法原则》第4.117条第2款，直接规定撤销权消灭后，当事人亦可以对因欺诈、胁迫、乘人之危、重大误解、显失公平而给自己造成的损失获取损害赔偿[①]。正如前面所分析的，如合同有效（包括撤销权人放弃或丧失撤销权时），根本无所谓信赖利益的损害，所以《欧洲合同法原则》第4.117条所规定“损害赔偿”是指对固有利益的损害赔偿。

（三）其他情形

按照我国《招标投标法》的规定，中标通知书还会产生很多辐射性的约束力，以下情形都会导致缔约过失责任的产生，行为人需承担损害赔偿责任，主要有：其一，依法必须进行招标的项目的招标人向他人透露已获取招标文件的潜在投标人的名称、数量或者可能影响公平竞争的有关招标投标其他情况的，或者泄露标底的，并且影响中标结果的；其二，招标代理机构违反法律规定，泄露应当保密的与招标投标活动有关的情况和资料的，或者与招标人、投标人串通损害国家利益、社会公共利益或者他人合法权益，并影响中标结果的；其三，投标人以他人名义投标或者以其他方法弄虚作假，骗取中标的；依法必须进行招标的项目，招标人违法与投标人就投标价格、投标方案等实质性内容进行谈判，并影响中标结果的；其四，投标人相互串通投标或者与招标人串通投标的，投标人以向招标人或者评标委员会成员行贿的手段谋取中标的；其五，招标人在评标委员会依法推荐的中标候选人以外确定中标人的，依法必须进行招标的项目在所有投标被评标委员会否决后自行确定中标人的。[②]

---

① 参见叶建丰：《缔约过失制度研究》，载梁慧星主编：《民商法论丛》（第19卷），金桥文化出版（香港）有限公司，2001年，第298页。

② 参见《中华人民共和国招标投标法》第50－55条、第57条。

第二章

建设工程合同的效力判断

依法有效的合同具有法律约束力，“合同即当事人之间的法律”。这是合同法律制度之真谛和精髓，奠定了契约自由原则在世界各国或地区合同法律制度中的核心地位。“在法律体系中有一个被称为合同法的部门，其为之努力的，乃是实现由允诺之作成而产生的合理预期。无疑地，这不是激发人们创立合同法的唯一目的，但是可以相信它是主要的基本目的，并且可以相信，对许多现行规则的理解以及对它们的有效性的认定，都要求具有对这一基本目的的强烈意识。”[①] 然而，如前所述，我国合同法关于建设工程合同效力却有很多限制性的规定，与作为一般规定的合同法总则大有出入，对建设工程合同本身的效力有着决定性的影响。既然如此，合同法中的建设工程合同法律制度是否因为法律本身的强行性规制而与合同法的基本目的相背离呢？这是我们研究建设工程合同效力所必须回答的问题。在此基础上，本章拟重点阐述如下三个问题：一是国家强制对建筑工程合同效力的影响；二是资质缺失及超越与建设工程合同效力的关系；三是建设工程合同无效的法律后果。

① ［美］科宾：《科宾论合同（一卷版）》上册，王卫国等译，中国大百科全书出版社，1997 年，第 5 页。

第一节　建设工程合同效力判断的理论基础

从合同法本身的体系逻辑来讲，既然建设工程合同是合同的一种，其有效成立规则应当是以合同效力判断的一般规则与建设工程合同性质相适应的效力判断特有规则的结合判断。因此建设工程合同的效力问题讨论应当认为是一种事实状态与法律规制的混合体，体现着合同自由与国家干预的冲突与平衡。

一、建设工程合同效力制度与合同自由

合同自由原则，是私法自治原则在合同法领域中的具体表现，是解读世界各国或地区合同法律制度中的精髓所在。

何谓合同自由原则呢？合同自由原则是指当事人依法享有自愿订立、变更、解除合同和确定合同内容等的权利，任何单位或个人不得非法干预。[①]该原则最早起源于罗马法。查士丁尼《国法大全》有关诺成契约的规定包含着现代契约自由的思想。然而，专制的统治和人身依附关系的存在，身份这一与契约观念对立的东西在社会生活中起着主导的作用，罗马法并没有形成完备的合同自由原则。合同自由原则在法律上的出现始于近代民法。最早以法典加以确认的，还应首推《法国民法典》，该法典第 1134 条规定：“依法成立的合同，在订立合同的当事人之间有相当于法律的效力。这种合同，只能根据当事人相互间的同意或法律规定的原因撤销之。”随后，各国立法纷纷加以效仿。在英美法中，也认为合同法的基本目标就是实现个人的意志，合同法赋予单个公民订立合同的权利，并规定了签约程序。通过订立合同，单个公民创立了法律义务并使其目标生效。对于自愿形成的私人关系来说，合同法就像一部宪法，而具体的合同则像在宪法下颁布的法律。于是，合同自由原则成为近代西方合同法的核心和精髓，并被大陆法系国家奉为民法的

---

① 参见马俊驹、余延满：《民法原论》（第四版），法律出版社，2010 年，第499 页。

三大原则之一。

在德国民法理论中，通常将与法律关系相关的行为自由，如订立合同的自由或设立遗嘱的自由等，称为私法自治。所谓私法自治，是指“各主体根据他的意志自主形成法律关系的原则”。[①] 所谓订立合同的自由并非仅指订约自由，其具体包括订约自由、选择当事人的自由、类型自由、决定合同内容的自由和方式自由。[②] 在美国合同法理论中，学者则指出合同自由的概念包含两个要素：订立合同的特权和使合同得以执行的权利。[③] 在英国合同法理论中，阿蒂亚主张合同自由的思想蕴含两种密切相关但不尽相同的概念：其一，合同是以相互之间的协议为基础的；其二，合同的订立是在不受外部力量的干预和控制的情况下由当事人自由选择的结果。此外，作为合同自由的当然推论，合同应是神圣的，若有人违反，得诉求法院强制执行。[④]

我国《合同法》第4条规定：“当事人依法享有自愿订立合同的权利，任何单位和个人不得非法干预。”解读本条，我国合同法上合同自由原则的内容貌似只有订立合同的自由。其实，要理解我国合同法上的合同自由原则，还得结合第10条、第12条、第77条和第93条等的规定来分析。根据这些条款可知，合同当事人还享有依法选择合同形式、确定合同内容、变更与解除合同等的自由。正因为如此，我国理论中通说认为合同自由原则具体包括以下内容：①缔结合同的自由。缔约当事人有权决定是否与他人缔结合同的自由。这是合同自由原则最基本要求，同时也是享有其他方面的决定自由的前提。②选择相对人的自由。当事人自由决定与谁签订合同。③决定合同内容的自由。当事人有权依法决定合同内容的自由。当事人在法律规定的范围内，有权通过协商改变法律的任意性规定，同时也可以在法律规定的有名合同之外订立无名合同或混合合同。④变更或解除合同的自由。当事人有权通过协商，在合同成立后变更合同的内容或者解除合同。⑤选择合同方式的自由。当事人在不违反法律或行政法规的强制性规定的情况下，有权决定

---

① ［德］迪特尔·梅迪库斯：《德国民法总论》，邵建东译，法律出版社，2000年，第142页。

② ［德］迪特尔·梅迪库斯：《德国债法总论》，杜景林、卢谌译，法律出版社，2004年，第61－62页。

③ 崔建远：《合同法总论》（上卷），中国人民大学出版社，2008年，第29页。

④ ［英］阿蒂亚：《合同法概论》，程正康等译，北京大学出版社，1982年，第5、11页。

合同的方式。⑥选择地域管辖的自由。对于国内合同，当事人可选择地域管辖，除法律另有规定者外。⑦选择适用法律的自由，对涉外合同，当事人可选择适用的法律，除法律另有规定者外。⑧选择解决合同纠纷方式的自由，即当事人可选择调解、仲裁、诉讼等方式解决合同纠纷。[①]

既然合同自由原则包括当事人确定合同内容的自由，那么合同就成为当事人之间的法律。对于建设工程合同而言，该原则亦是其指导原则，效力的判断也应以当事人的真实意思为准。

在罗马法时期，其早期契约成立仅借助形式，当事人的合意在契约中不产生效力。“其效力产生于其形式，而不是产生于该形式所体现的合意；合意既不是必要的，也不是充足的”[②]。随着形式主义的弱化，于公元前1世纪，产生了所谓“合意契约”（也称“诺成契约”），“合意第一次受到重视并被要求”[③]。公元6世纪初，查士丁尼主持编纂的《民法大全》明令废止了市民法上的各种要式交易行为。按照《法学阶梯》的规定，合意契约仅基于当事人意思表示成立，无特定形式或仪式要求，“其债务的缔结只需要双方当事人的同意的说法，……因为其缔结既不需要文书，也不需要当事人在场；此外，也没有必要给予某物，只需进行法律行为的当事人同意即可”。[④]这一法律概括表明了这样的基本思想：仅仅有合意因素还不能称之为契约，因与交付行为分离而导致的合意行为独立化至多为契约观念的形成奠定了基础，为使此类行为取得契约的外观，必须附之以债的效力[⑤]。即“‘诺成’这个名词不过表示：在这里，债是立即附着于合意的”[⑥]。尽管罗马法后期所确认的此种“合意契约”主要包括买卖契约、租赁契约、委托契约、合伙契

① 参见董安生：《民事法律行为——合同、遗嘱和婚姻行为的一般规则》，中国人民大学出版社，1994年，第22－23页；王利明：《合同法研究》（第1卷），中国人民大学出版社，2002年，第142－144页；余延满：《合同法原论》，武汉大学出版社，1999年，第17－18页；李永军：《合同法原理》，中国人民公安大学出版社，1999年，第40页；余延满：《合同法原论》，武汉大学出版社，1999年，第17－18页；崔建远：《合同法总论》（上卷），中国人民大学出版社，2008年，第29－30页。

② 徐涤宇：《合同概念的历史变迁及其解释》，载《法学研究》2004年第2期，第60页。

③ ［意］彼德罗·彭梵得：《罗马法教科书》，黄风译，中国政法大学出版社，1998年，第307页。

④ ［古罗马］查士丁尼：《法学总论》，商务印书馆，1989年，第173页。

⑤ 董安生：《民事法律行为——合同、遗嘱和婚姻行为的一般规则》，中国人民大学出版社，1994年，第11页。

⑥ ［英］梅因：《古代法》，商务印书馆，1984年，第188页。

约等，并且它对于罗马契约法中“重形式轻意思”的原则仅仅是某些例外，但它“使契约逐渐和其形式的外壳脱离”，由此，“心头的约定从繁文缛节中迟缓地但非常显著地分离出来，并逐渐地成为法学专家兴趣集中的唯一要素”。[①] 尽管由于专制统治和人身依附关系的存在，身份这一与契约观念对立的东西在社会生活中起着主导作用，因而罗马法并没有形成完备的契约自由原则，但随着“合意契约”的确认，契约自由的思想已经产生，并“在契约法史上开创了一个新的阶段，所有现代契约的概念都是从这个阶段发轫的”[②]。

合同自由原则在法律上的确立始于近代民法。随着资本主义生产关系逐渐形成，原有的封建身份关系和等级观念不但受到巨大冲击，个人日渐从封建的、地域的、专制的羁绊中解脱出来，逐渐成为平等自由的商品生产者。这就是梅因爵士所谓的“从身份到契约的运动”，合同自由的观念得以在世界各国或地区传播。在经历过原始积累阶段以后，资本主义生产关系已经成长壮大，单纯依靠经济关系的无声强制，已足以保障资本榨取剩余价值的权利，一般不再需要行政权力的帮助。同时，资本主义商品生产和交换的进一步发展，要求摆脱一切束缚和限制，要求充分的自由竞争。正是在这种背景下，产生了自由主义经济思想和理性哲学[③]，并以此为理论基础各国立法相继确认了合同自由原则。1804 年的《法国民法典》第 1134 条规定：“依法成立的合同，在订立合同的当事人之间有相当于法律的效力。这种合同，只得根据当事人相互间的同意或法律规定的原因撤销之。”《瑞士债务法》第 19 条第 1 款规定：“契约的内容，在法律限制内可以自由订立。”德国《魏玛宪法》第 152 条第 1 款规定：“在经济关系方面，依法实行契约自由原则。”在

---

① ［英］梅因：《古代法》，商务印书馆，1984 年，第 177 页。

② ［英］梅因：《古代法》，商务印书馆，1984 年，第 189 页。

③ 以亚当·斯密为代表的自由主义经济思想认为，最好的经济政策就是经济自由主义，政府对人类事务的干预有百害而无一利。每个人在平等的地位上进行自由竞争，既可促进社会的繁荣，也可以使个人利益得到满足，国家的任务主要在于保护自由竞争，而非干预自由竞争。这种经济思想为合同自由原则提供了经济理论的根据；而理性哲学认为人生而平等自由，追求幸福和取得财产是个人不可剥夺的天赋人权。每个人都有自己的意志自由，这种意志自由是个人行为的基础，个人必须在自己自由的选择下，按照自己的意志才能承担义务、接受约束。法律的职责就是赋予当事人在其合意中表达的自由意志以法律效力。对这种自由的限制则是愈少愈好。这种自由意志的理性哲学为合同自由原则提供了哲学上的基础。

英美合同法理论中，同样认为合同法的基本目标是实现个人的意志，合同法赋予单个公民订立合同的权利，据此规定了签约程序。通过缔结合同，每个公民都可以自由创立法律义务并使实现目标的生效。对于此种基于自愿形成的私人关系来说，合同法就像一部宪法，每个具体的合同就是根据宪法颁布的法律。[①]

由于合同自由原则最本质地反映着资本主义社会商品关系的天然要求，它以形式上平等的合意替代了罗马法形式上不平等的合意，使得社会不同阶层成员至少在形式上“是作为自由的、在法律上平等的人订立契约的。契约是他们的意志借以得到共同的法律表现的最终结果”[②]。

更有学者主张，合同自由原则“给个人提供一种受法律保护的自由，使个人获得自主决定的可能性”[③]，而“自主决定恰好是调节经济过程的一种高效手段，特别是竞争性经济制度下，自主决定能够将劳动和资本配置到能产生最大效益的地方去。至于其他的经济调节手段，如国家的调控措施，往往要复杂得多、缓慢得多、昂贵得多，因此总体上产生的效益也必然低得多”。[④] 这是合同自由原则的优越性所在。然而，合同自由“作为一种形式上人人平等的自由，没有顾及实际上并非人人平等的事实。人与人之间在财产、体能和精神能力，在市场地位和掌握信息以及在其他许多方面，到处都存在着差异”。[⑤]“在经济地位有明显势差的交易者之间，契约自由正在变成弱肉强食的工具。强者可以藉契约自由之名逼迫弱者接受其预先拟定的契约条款；厂商们利用内容复杂的专业化契约使消费者难明其义而位居不利地位；企业主们更是以浩浩荡荡的失业大军强使雇工接受低工资、少保障的条件等等”。[⑥] 这就使得合同自由原则“取得的效果是否具有社会正当性”值得怀疑。“法律旨在努力寻求一种平衡，这种平衡也反映在‘社会市场经济’这一流行提法中。虽然自由以及私法自治是私法的出发点，但自由的行使在

---

① ［美］罗伯特·考特、托马斯·龙伦：《法和经济学》，上海人民出版社，1994 年，第 314 页。
② 马克思：《资本论》（1），人民出版社，1975 年，第 199 页。
③ 姚新华：《契约自由论》，载《比较法研究》1997 年第 1 期。
④ 姚新华：《契约自由论》，载《比较法研究》1997 年第 1 期。
⑤ ［德］迪特尔·梅迪库斯：《德国民法总论》，邵建东译，法律出版社，2000 年，第 143－144 页。
⑥ 姚新华：《契约自由论》，载《比较法研究》1997 年第 1 期。

许多方面是受到控制和限制的。”[①]

既然合同自由原则是近现代合同法的核心理念，那么于建设工程合同而言亦复如此。在建设工程合同领域，除非出于社会公共利益的衡量，原则上此种合同应当尽可能尊重当事人意愿，允许其自主安排相互之间的权利义务，法律则不宜进行太多的外部管制，不能动辄就否定建设工程合同的效力。

二、国家强制对建设工程合同效力的影响

（一）强制性规范对法律行为效力的影响

违反强制性规范[②]的法律行为之效力如何认定，长期以来一直是大陆法系需要回答的共同性法律问题。虽然不同大陆法系各国或地区对强制性规范的理解、分类都有各自的特点，各个领域内理论建立的基础有所不同，但并非没有任何共通之处。关于这个问题的回答，对于认识我国强制性规范对建设工程合同效力的影响事关重大。

1. 强制性规定在德国民法领域内发生作用的途径

《德国民法典》第134条规定：“除法律另有规定外，违反法定禁止的法律行为无效。”这是德国民法中强制性规定对法律行为效力产生影响的规范基础。在认定该条所规定的违反行为效力时，德国学者都采取了极为审慎的态度，并不认为从该条规定中可以得出违反行为的效力。例如，拉伦茨认为，该条款并没有规定在何种情形下，违反强制性规定的法律行为属于完全无效。应该结合某一个具体的禁止规定，并从其导致的法律后果对比衡量以确定该行为的效力，“如果认为任何违反法律禁止规定的行为，都自动地成

---

① ［德］迪特尔·梅迪库斯：《德国民法总论》，邵建东译，法律出版社，2000年，第143－144页；姚新华：《契约自由论》，载《比较法研究》1997年第1期。

② 强制性规定在《德国民法典》中被表述为“法定禁止”，参见《德国民法典》第134条；在我国台湾地区的“民法”中被称为“强制或禁止之规定”，参见我国台湾地区“民法总则”第71条；也有学者称之为“强制性规范”“强行法”等，本书按照我国合同法理论的习惯表述，在相关论述中统一采取“强制性规范”的用语，是为说明。

为完全无效的行为，就完全错了”。[1] 梅迪库斯也认为，并不能从第134条规定本身推导出违反法律禁止的法律行为无效的后果，而只有通过对有关法律禁令的解释，才能得出这种无效性。[2] 对于该条功能的理解，德国理论界基于不同的认识存在三种观点，即引致规范说、解释规则说和概括条款说。其中，引致规范说认为，第134条本身没有独立的规范内涵，甚至不具有解释规则的意义，其功能在于把对法律行为的法律适用单纯引致到某项具体规范，而法官则得从具体禁止规范之目的来认定该法律行为的效果，即是否承认法律行为的效力；解释规则说的代表观点则认为，第134条从性质上看应当是解释规则，要认定法律行为违反某禁止性规范，除非另有规定，原则上都应归于无效。通过此种方式，借以肯定国家透过立法对经济、社会秩序的干预，贯彻其政策。概括条款说认为，法律行为是否构成禁止规范的“违反”，尚待法官在超越个别立法者的基础上，进行独立的价值权衡，使私法与公法间得到更为精密的配合。故第134条实非单纯引致规范，其操作的复杂性亦远远超过单纯的解释规则，而是具有给法官授权、需要价值补充性质的概括条款。[3] 可见，该条本身并不是认定违反强制性规定行为效力的规范依据，它只是具体的强制性规定在民法领域内发生效力的渠道和媒介。

可见，德国学者对《德国民法典》第134条的功能进行了审慎而深入的研究与挖掘，这样可以避免依据该条将违反行为直接认定为无效，进而避免“违反=无效”这样的后果发生，对公法进入私法管道进行合理控制及科学运用，以维系私法自治制度价值的实现和私法体系的独立。

明确了第134条的功能后，可以看出，对法律行为产生影响的关键是该条所指向的具体强制性规定。值得注意的是，在研究对法律行为起强制调整作用的具体法律规范时，德国学者将这些规范分为两种：界定私法上形成及处分权利义务界限的规范（“处分界限规范”）和性质上属于“行为规范”——强制或者禁止一定行为的规范的所谓“禁止规范”。[4] 前者多见于民事法本身，主要指通过限制当事人对法律类型、行为类型的选择，或者对

---

① ［德］卡尔·拉伦茨：《德国民法通论》，王晓晔、邵建东等译，法律出版社，2003年，第588页。
② ［德］迪特尔·梅迪库斯：《德国民法总论》，邵建东译，法律出版社，2000年，第483页。
③ 苏永钦：《私法自治中的经济理性》，中国人民大学出版社，2004年，第34、35页。
④ 苏永钦：《私法自治中的经济理性》，中国人民大学出版社，2004年，第35页。

当事人基于意思自治建立起来的法律关系进行具体规定，从而限制私法自治适用范围的规范。这类规范主要目的并不在于禁止一定的法律行为，而更多的是希望对这些法律行为实施的可能性在范围上进行一般的限制，从而更好地引导这些法律行为。[①] 而禁止规范，则主要是为了通过实施制裁来阻止特定情况下某些法律行为的实施。通常表现为法律把法律行为的实施和惩罚，或者是跟惩罚相类似的措施联系在一起。许多这种的禁止规范，并不存在于以私法自治为主导内容的《德国民法典》体系中，而更多地存在于表现立法者的经济和社会政治目的的特别法（特别是战时或者战后的管制法律）中。[②] 梅迪库斯甚至认为，第134条的真正意义是针对不属于民法领域的、并且仅仅规定了民法以外的制裁措施的法律禁令。[③]

这种区分，不仅使得学理上对强制性规定的理解与研究更加精密，在实践中也引导人们去注意禁止规范与处分界限规范对法律行为效力的不同影响。在此理论的影响下，德国法院在认定强制性规定如何通过第134条对法律行为效力产生影响时，也采取了较为审慎的态度，“通常需要先看有无禁止规范存在及法律行为的效力是否因违反禁止规范而受影响，然后在效果上再斟酌，依法律是否不应使法律行为（绝对）无效”。[④]

按照德国学者的理解，第134条指向的是多存在于民法以外的“禁止规范”，[⑤] 这类规范性文件，体现着不同的价值取向和立法目的，在难以预见的情形下影响着法律行为的效力，很难避免与法律行为所包含的私法价值发生冲突。因此这些强制性规定对法律行为产生的影响，需要更多地衡量与斟酌，也就成为了学理关注的重点。

但是毕竟这种说法过于抽象，在实践中需要可具一定操作性的检验标准，关于此标准，根据苏永钦先生的总结，德国实务及理论上存在多种观

---

① ［德］卡尔·拉伦茨：《德国民法通论》，王晓晔、邵建东等译，法律出版社，2003年，第588页。

② ［德］卡尔·拉伦茨：《德国民法通论》，王晓晔、邵建东等译，法律出版社，2003年，第589、590页。

③ ［德］迪特尔·梅迪库斯：《德国民法总论》，邵建东译，法律出版社，2000年，第483页。

④ 苏永钦：《私法自治中的经济理性》，中国人民大学出版社，2004年，第35页。

⑤ 参见［德］卡尔·拉伦茨：《德国民法通论》，王晓晔、邵建东等译，法律出版社，2003年，第589页；［德］迪特尔·梅迪库斯：《德国民法总论》，邵建东译，法律出版社，2000年，第483页。

点，其中有几种代表性的观点，可为我国理论及实务的完善提供参考与借鉴[1]：①规范性质说。该种学说认为，若禁止规范属于“单纯的秩序规定”，违反此类规范的行为虽应受到制裁，但因该私法行为本质上不具违法性，因此其效力不受影响。②规范对象说。该种学说认为，法律行为原则上仅在禁止规范以所有当事人为对象时，才有无效的问题。所以，诸如未经许可经营所订的“结果契约”、违反卫生法规贩卖腐败食物等，都因违法仅存在于一方的“意思表示”而非全部意思表示构成的法律行为整体，故效力不受影响。③规范重心说。此说认为，原则上法律行为仅在禁止规范针对私法行为“本身”，而非规定该行为的主体、时间等外部因素时，才有无效的问题。实务上经常可见的以禁止规范仅针对法律行为成立的“特别环境”或其“实际履行”，或其“行为方式”，而不认为无效的案例。④规范目的说。此说认为，法律行为是否有效应视禁止规范的目的而定，也就是说，如使其有效，将与该禁止规范所含目的相违背时，即应否定其效力。此种观点为德国现在的通说，较新的判决和理论甚至明确强调，在评估法律行为是否因违反法规而无效时，还应视该法律的目的而定，不必受过去所采取的标准的影响。如果违反禁止规定的行为属于禁止条款规定的意义和目的所要求的，则违反禁止规定的行为为完全无效。[2]

这四种学说都将违反禁止规范与法律行为效力的关系研究重心放在禁止规范本身。德国学者韦斯特法尔又从其他角度提出了“法益权衡”的方法：在认定何时构成违反时，需要就禁止法规所要保护的法益（如生命、健康、经济自由、总体经济秩序等）与法律行为所要体现的法益（如契约自由、诚实信用）相权衡，而非单纯的事实。法律明示违反行为效果时，司法者无须再作权衡，但此种情形很少发生，多数情形中需要法官作价值补充。所以对于第 134 条的理解，必须从一个无内容的引致规范或者单纯的解释规则提升为一个对法官授权的概括条款，透过司法创造来建立一套精致的法律行为控制标准，使得私法自治的原始理想和国家对社会、经济进行的种种干预得到最佳的调和。该观点提出的法益权衡的方法，代替传统的种种偏于形式的标

---

① 苏永钦：《私法自治中的经济理性》，中国人民大学出版社，2004 年，第 36 – 38 页。

② ［德］卡尔·拉伦茨：《德国民法通论》，王晓晔、邵建东等译，法律出版社，2003 年，第588 页。

准，“对于实务不但有更强的说明力，也显然更具批判和指引的能力”。[①]

综上所述，德国民法有关强制性规定对法律行为效力影响的理论中，最引人注目的就是对第134条功能的深入研究及正确认识：不能直接由本条规定得出违反行为无效的结论，真正影响违反行为效力的是由该条所指向的具体的法律规范。德国学者和实务界又将强制性规定分成处分界限规范和禁止规范，注意到了不同的规范对行为效力的不同影响，禁止规定更多地存在于表现立法者的经济和社会政治目的的特别法中，即所谓公法中的强制性规范。在对待违反该类规定的法律行为效力的认定上，尤要谨慎。而对待具体认定违反行为的效力问题上，德国学者从规范本身的角度、法律行为构成要素的角度以及法益衡量的角度提出了多种思路，同时归纳了所需考虑的诸多因素，即需要分析规范目的（使行为有效是否违背法规目的）、规范对象（是否只规范一方当事人）、规范性质（是否单纯的秩序规定）、规范针对的法律行为要素（主体、内容、环境）、规范所体现的法益、法律行为所体现的法益等。因此，德国民法理论强调区分违反强制性规定的法律行为效力，不能简单根据第134条直接推导出“违反 = 无效”的法律后果。当然，无论何种学说，其最终结果都是将法律行为是否无效的判断，交由法官在个案中进行价值权衡。而这些学说或方法实际上还为法官的自由裁量划定了界限，提供了正当化的支撑。

2. 强制性规定在日本法中的运用

关于违反强制性规范的法律行为效力认定问题，《日本民法典》是缺乏直接规定的。若说有的话，只有《日本民法典》第91条，该条规定“法律行为的当事人所为之意思表示与法令中无关公共秩序的规定不同时，遵从其意思”。该条内容的反面立法精神是，法令中有关公共秩序的规定，属于强行法规，违反之，法律行为一律无效。因此日本民法学界通说认为，该条就是对违反强制性规定之法律行为的效力进行原则性规定的规范基础，同样这

---

① 苏永钦：《私法自治中的经济理性》，中国人民大学出版社，2004年，第39页。

是各种民法以外的强制性规定进入民法内部调整法律行为的渠道。[①]

可贵的是，日本民法理论将规制法律行为的法令，从公法私法的角度做了清晰的划分，将其分为强行法规与取缔法规，并在此基础上阐述了二者对法律行为效力的不同程度影响。日本民法理论认为：①若私法法令是对内容的规制而私法领域不能通过当事人意思排除的法令，即为强行法规。违反该类强行法规的法律行为，一律归于无效。对此无效的后果，日本学者大多达成共识，不存疑义。所研究的重点仅在于强行法规的类型划分：如果法令是明确规定相反的约定无效的法令，则属于明示为强行法规的情形，此时法律行为毫无疑问地归于无效。如果法规本身并没有明确表示与之相悖的法律行为无效，但从该法律的立法宗旨可以判断出该结果的，则属于非明示为强行法规的情形。此种法规又可以细分为两个类型：一是构成契约制度的规则。契约的基本结构制度相对固定的，不会因为具体契约而有所差异。所以，决定契约制度的基本规则，属于强行法规。例如有关契约成立要件的规则和有关契约拘束力范围的规则。二是决定契约内容的规则。包括维持社会公共利益的规则和保护弱者的规则，如果违反该类禁令的契约仍然有效，则法律的目的无法达到。②公法法令对法律行为内容的限制。日本学者将对法律行为进行限制的公法法令称为取缔法规，指从国家行政管理的目的出发，禁止、限制一定法律行为的法规。对于违反该类法令的行为，多施以刑罚或行政处罚等制裁。取缔法规主要包括禁止、命令一定交易行为的法令和要求取得许可、执照才能进行一定交易行为的法令。对于违反取缔法规的法律行为效力认定上，日本民法理论尚存较大争议。在坚持公法、私法二分论的前提下，鉴于日本民法理论坚持公法与私法二元区分的基本原则、追求价值，通说认为违反公法领域的取缔法规，法律行为不应绝对归于无效。

问题是，违反取缔法规的法律行为不应被绝对地认定为无效，但关于违反取缔法规的法律行为效力如何认定，日本民法理论并无统一标准可资参考。其理论中围绕该问题则有综合判断说、履行阶段论、经济公序论等学

---

① 下文有关日本民法的相关理论与实务，如无特别说明，均主要参见［日］山本敬三编：《民法讲义Ⅰ》，解亘译，北京大学出版社，2004 年，第 169 - 177 页；解亘：《论违反强制性规定契约之效力——来自日本法的启示》，载《中外法学》2003 年第 1 期。

说：①综合判断说。此为通说。该说在区分强行法规与取缔法规前提下，主张对违反取缔法规之法律行为效力的认定应进行综合判断。如果取缔法规的目的要求或社会对违反行为存在伦理上可责难性，该违反行为一概无效。但此时，如果认定违反行为无效，可能有损交易安全或当事人之间的信义、公平时，则需衡量具体个案的不同因素。②履行阶段论。该说在承认综合判断说的基础上，认识到综合判断说的缺陷是停留在静态层面，引进合同履行的动态因素，对其有很好的补充、修正作用。该说认为，违反取缔法规契约因履行程度不同，其法律效力也有所不同。因为实现法规的目的、当事人之间的信义及公平的必要性会随着履行阶段不同而发生变化。对于尚未履行的契约，应当根据法规的目的进行判断，原则上应判定契约无效；对于已经履行完毕的契约，从当事人之间的信义、公平这种私法追求的价值来看，倒是应当认定有效。③经济公序论。该说同样承认综合判断说，只是从强化国家行政管制出发，并以此角度将法律分为两类：一类是警察法令。该说认为这类法律实现的价值法与交易并无直接关系，违反之，应该优先考虑当事人之间的信义、公平，判定违反行为有效；二类是经济法令。主要指维护交易安全和交易秩序的法令，由于这类法律倒是与交易密切相关，该类法律在认定违反行为上应占有重要地位。

综上所述，日本民法理论关于强行法规与取缔法规的划分，依然是脱胎于公法与私法的二元区分，只是以法律对违反行为效力的影响为出发点。只有违反行为所触犯的因素涉及构成契约制度或有关契约内容的规则，才是无效的。这种观点已经尽可能地尊重了当事人的意思自治。因为如果承认违反强行法规的行为有效将使诸多私法中的基本原则和制度的价值难以实现，所以不能承认这类行为的效力。而取缔法规的直接目的则在于禁止、防止某人实施一定的行为。这些禁止有可能是出于一定的政治经济、行政管理目的，但违反法令的行为作为一个法律行为，本身也承载着交易安全、当事人之间的信义、公平等私法上的价值。现实中因行政权力的膨胀，越来越多的公法法令通过引致规范干预私法行为，如果简单地认为违反取缔法规的行为无效，势必会对法律行为制度造成冲击。所以违反取缔法规的法律行为效力并非一律被认定为无效。为具体检验违反行为的效力，日本学者也提出了实践中可资借鉴的方法，包括综合判断说、履行阶段说和经济公序论，很明显可以看出，这些方法之间存在共通性，即赋予法官在个案中进行价值衡量的权力，将强制性规定的规范目的、所要保护的法益与交易安全、当事人之间的公平信义、社会经济利益、私法自由等因素进行衡量和比较，以判断合同的效力。

3. 我国台湾地区相关立法及理论

我国台湾地区在理解强制性规定对法律行为效力的影响时，学习了德国的相关理论，对其地区“民法”第 71 条的功能有了全面的认识。不仅明确了违反行为不应依据“民法”第 71 条被直接认定为无效，而且认识到了该条款所具有的“解释规则”功能、“概括条款”的功能，是立法为法官依据具体强制性规定衡量违反行为效力预留的司法造法空间。

上述功能的具体运用可以概括为：如果强制或禁止规定已经明示法律行为违法的私法效果时，或者依该法的目的或其他规定可以直接推知违反行为应原则归于无效时，法院也没有再为其评价的余地，此时该条款仅具有“引致规范”的性质。当法律没有明确规定违反行为的效力时，则应以“法益权衡”的方法代替立法者做价值补充。应该考虑该法规所要保护的法益与法律行为本身涉及的法益（交易安全、信赖），是否属于同一层次，还需要考虑法益侵害的“程度”及该法规的“吓阻效果”，此时发挥的是该条“概括条款”的功能。当法益相当或者有疑义的时候，应属违法，这则是“解释规则”功能的运用。同时第 71 条“但书”的规定，更是具有不容忽视的作用，是为司法造法，调整不同案件的基础，以使对违反行为效力的认定“以脱全有或者全无的僵局”。①

在具体分析强制性规定之时，有学者吸收了日本民法理论中区分强行法规与取缔法规的经验，将强制性规定作效力规定与取缔规定之分，认为效力规定着重违反行为之法律行为价值，以否认其法律效力为目的；取缔规定着重违反行为之事实行为价值，以禁止其行为目的。如果不使违法行为无效就

① 苏永钦：《私法自治中的经济理性》，中国人民大学出版社，2004 年，第 41－46 页。

不能达成立法目的者，为效力规定；如果法规的目的仅在防止法律行为事实上发生，为取缔规定。取缔规定的强行性体现在当事人不能通过意思排除其规定的处罚，而不在于使该行为无效。[①] 将强行法规划分为效力规定与取缔规定，有助于区分理解不同类型的强制性规定对法律行为效力的影响，也可以提醒法律适用者结合具体的规范性质、目的及个案情形区别对待违反行为的效力，在法律实务中发挥了一定的指导作用。

另外，从规定的形式看，我国台湾地区"民法"第 71 条，较之于我国《民法通则》及《合同法》中类似条款，多了一个"但书"规定，该"但书"具有与《德国民法典》第 134 条中的"但书"规定相同的功能，它们都意味着：如果行为所违反强制性规定中规定了其他的效力形式，则从其规定。如果强制性规定的目的在于通过制裁以阻止该类行为的发生，而不在于使之归于无效，则不发生绝对无效的后果。[②] 该"但书"使司法实务有一定的自由空间，可以从具体案情出发，认定违反行为的效力时可以更为灵活地处理，避免产生过于僵硬的情形。

4. 上述各国及地区认定违反行为效力的共同思路

从上文对主要国家和地区认定违反强制性规定法律行为效力的理论及实务操作来看，其都秉承着以下共同思路：

首先，各国及地区理论都强调引致条款的不同功能。上述理论中均认识到，《德国民法典》第 134 条、我国台湾地区"民法"第 71 条这样的条款，不单单具有引致的功能，还有解释规则与概括条款的功能。因此，引致规范不是认定违反行为是否有效的依据，而是立法者为法官依据具体强制性规定衡量违反行为效力预留的司法造法空间，不能简单地因依据该条得出违反行为无效的后果。

其次，对于引致条款指向的适用具体规范，各国及地区都按照了强制性规定的性质、类型进行划分，以区别其在决定与之相悖的行为效力时影响程度之不同。例如，德国理论中的"处分界限规范和禁止规范"、日本理论中

---

① 史尚宽：《民法总则》，中国政法大学出版社，2000 年，第 329 - 333 页。

② 史尚宽：《民法总则》，中国政法大学出版社，2000 年，第 330 页。

的“强行法规与取缔法规”、我国台湾地区“民法”理论中的“取缔规定和效力规定”等这样的划分。

最后，对于如何具体检验违反行为的效力，各国及地区理论及实务界都提出了很多参考标准，如德国理论提出了规范目的、规范对象、规范性质、规范所体现的法益及法律行为所体现的法益等参考因素；日本民法理论中的“综合判断”“法益权衡”等观点。这些学说看似纷繁复杂，但最终都殊途同归，即由法官用法益衡量的方式来认定行为是否有效，而所要考虑的法益一边是规范所欲达成的目的，如经济秩序、对一方当事人的保护等，另一边是私人的意思自治原则以及当事人之间的公平信义、交易安全等因素。这样，一方面法官的法益衡量和价值判断工作起了关键性作用，“法院只能以创造法律的方式来裁判这个问题”；[①] 另一方面规范目的始终成为控制法官自由裁量的重要标准，以使法官的裁量不至于太过随意，也照顾到强制性规定目的的实现。

（二）强制性规范效力区分运用对建设工程合同效力认定的影响

1. 强制性规范的效力区分——在国家强制与私法自治间寻求平衡

私法以个人与个人之间的平等与自决（私法自治）为基础，规定个人与个人之间的关系。[②] 私法领域内的各种制度的设定（立法）都是以维护私人利益为主要原则，强调民事主体之间的平等与自治。私法范畴的法律规范，多属于赋权性规范，具有任意性，主要目的是为了给民事主体实现意思自治提供“参考”或者说是“补充”。但是，私法范畴内的规范一旦将某些要素以强制性规定的形式加以规定，则说明这些要素是实现整个私法制度价值目标不可或缺的（如前述日本理论中构成契约制度的规则）或允许其存在将对他人或社会公共利益构成重大的损害（如前述日本理论中有关契约内容的规则），这时，如果法律行为不能满足此类强制性规定的要求，那就说明此时行为本身已经无法满足法律行为制度承认其效力的最低要求，或者说在已经极尽可能地尊重当事人意思自治的私法体系中，如果承认该行为有效将使诸

---

① ［德］迪特尔·梅迪库斯：《德国民法总论》，邵建东译，法律出版社，2000年，第491页。

② ［德］卡尔·拉伦茨：《德国民法通论》，王晓晔、邵建东等译，法律出版社，2003年，第3页。

多私法中的基本原则和制度的价值难以实现，所以对于当事人企图通过该法律行为发生的效果，法律不承认其具有的法律效力。

公法则是法律制度的另外一个部分，主要规定国家同其他被赋予公权的团体相互之间、它们同它们的成员之间的关系以及这些团体的组织结构。[①]进入20世纪，国家行政职能迅速扩张，有向万能政府转变的趋势，对市场经济和社会生活进行积极主动而且全方位的干预和管理，公法规范也越来越多地对特定的法律行为进行管制或者限制，也就是在一定程度上对私法自治空间进行限制。这样的结果便是，一方面，在承认国家这样一个实体的前提下，各种社会制度的法律体系都会承认国家所享有的社会控制能力，包括对私法领域内的法律行为进行一定的管制。

因此民法领域内部就需要一定的路径和渠道将公法规范引入私法，另一方面民法在引进这些管制规范时并不是照单全收的，还需尽量保留构衡自治与管制理念的空间，[②] 以避免公法领域为数繁多的管制规范对私法自治造成过多的冲击。如果要维护私法自治原则在民法领域内的贯彻，需尽可能地维护当事人在私法领域内已合法订立的合同在民法以外不轻易地被判定为无效。在贯彻公权力的“管制”时，如果这些规范本身没有明确规定与之相悖的行为的无效后果，此时还有除了使行为无效以外的其他手段，如行政法、刑法上的处罚，可以达到该规范目的的，则应在采用这些手段的同时，对于违反行为还可以“视情况有有效或全部无效、一部分无效以至相对无效的选择”，[③] 以区分法律行为私法上无效的后果及公法上处罚的后果。[④]

2. 强制性规范效力影响对本书的启示

首先，上述国家及地区理论界和实务界之所以会出现如此众多的关于违反行为效力的认定方法和标准，根本原因就在于他们都秉承了一个共同的前提性思路，即最大限度地维护私法自治。因此，各国及地区学说都强调对规范的细分，强调对各种因素的综合考虑，其宗旨就在于尽最大可能保证私法

---

① ［德］卡尔·拉伦茨：《德国民法通论》，王晓晔、邵建东等译，法律出版社，2003年，第3页。

② 苏永钦：《走入新世纪的私法自治》，中国政法大学出版社，2002年，第8页。

③ 苏永钦：《走入新世纪的私法自治》，中国政法大学出版社，2002年，第23页。

④ 郭海涛：《论违反强制性规定行为的法律行为的效力》，中国政法大学2006年硕士学位论文。

行为的效力，在强制性规范的缝隙中为私法自治寻求生存之道。

其次，在上述德国、日本和台湾地区的理论和实务中，都呈现出一个共同的趋势，即授权法官进行个案的价值衡量，例如德国学者韦斯特法尔的法益权衡说和日本的综合判断说。虽然有的学者又划分了强制性规定的各种类型，并提出了各种具体认定的标准和方法，但对于具体的强制性规定属于何种类型以及将违反行为归于该类型后又该如何具体处理，这不是对规范的类型划分所能一劳永逸地解决的，仍然需要法官在个案中进行辨识和斟酌。例如规范的类型是什么、何为规范重心、何为规范目的、规范针对的是法律行为内容还是当事人，具体行为是否违反规范目的，等等。

再次，但是个案衡量也不是绝对的自由，完全的个案衡量有可能成为另一种意义上的专制。法官在个案衡量时也必须拿出正当化的论证依据，而这又恰恰使具体标准成为必要。因此，对具体标准和考虑因素的划分并不是限制法官个案衡量的桎梏，相反，其恰恰是为个案衡量的结论提供正当化说明的依据，二者之间又是在一种相互制约中达成平衡。因此各国学说在将此类问题归于个案衡量的同时又提出了法官必须遵循的标准和依据。这样对这些指导个案衡量的标准和依据的归纳就有了重要的意义。

综合上文对各国学说的介绍，可以明显地发现，无论是规范重心说、规范性质说、德国通说的规范目的说，还是更为开放的韦斯特法尔的法益权衡说以及日本的综合判断说，毫无例外地都从规范本身的目的、性质入手评判法律行为是否与之相悖，都将能否实现规范目的作为衡量的重要标准。我国台湾地区的学者也主要考虑该法规所要保护的法益与法律行为本身涉及的法益（交易安全、信赖）是否属于同一层次，及考虑法益侵害的“程度”及该法规的“阻吓效果”。这是法律制度无矛盾性原则的要求，即如果法律禁止人们从事某项行为，那么就不可能通过法律行为为人们设定从事该项行为的义务。[①]

可见，规范目的、性质及其所保护的法益是法官进行个案衡量的基本边界。强制性规定欲达到禁止某项行为的目的，宣告行为无效是其重要的警戒

---

① ［德］迪特尔·梅迪库斯：《德国民法总论》，邵建东译，法律出版社，2000年，第484页。

方式，如果无视这种预防作用，实务中有可能导致强制性规定有名无实。在规范目的因素的另一边，需要平衡的最主要的是私法自治所体现的利益，这也是学者考虑此问题的出发点和最终目的。其次，鉴于现代经济交往的复杂性，交易安全因素、当事人之间的公平诚信、社会经济资源因素等方面的考虑也成为认定的重要标准。

可见，对于违反强制性规定的法律行为效力认定，如果完全交由法官自由裁量难免会让人对其裁判的正当性产生怀疑，这就不得不用类型化的方式为法官的裁量划定界限，并通过各种具体标准和考量因素来指导法官的价值衡量。因此法官的个案衡量与强制性规定的类型化划分及衡量标准的确定是一种互动的关系。但是现实生活中强制性规定层出不穷，具体个案的情况也千变万化，因此，无论是对强制性规定作何种程度的类型划分，对指导个案的标准作如何全面的考虑，似乎都是徒劳。因此，就本书掌握的资料看，对此问题始终难以得出一个统一的、规范性的认识。

所幸的是，本书的研究范围仅限于欠缺资质的建设施工合同效力认定，在上述整体思路的指导下，对涉及资质的强制性规定进行具体的类型认定，对规范目的和规范性质进行探求研讨，对影响合同效力的诸多因素进行抽丝剥茧的界定，以为法官的个案衡量提供相对明确的指导因素也并非是不可能的。

也正因如此，在对待建设工程合同效力问题上，当事人的自由很大程度上受到国家的管制。可见，合意与否只是反映当事人的意志，未必与国家意志和社会公共利益吻合。基于社会公共利益的考虑，“一个法律制度不可能规定，只要完成了外部的意思表示的事实构成——通常是意思表示的发出以及有些情况下的到达——法律行为就可以有效地成立。相反，一系列的限制是必要的或合目的的”。[①] 因此，国家通过合同效力制度对合同进行必要的干预，在合同具备双方或多方当事人、标的、合意三项要件而成立的基础上，进一步对合同的有效成立提出更为严格的要求。即对合同的主体资格、合同的意思表示、合同的内容及合同形式均提出“合法性”的要求。各国法律基

① ［德］迪特尔·梅迪库斯：《德国民法总论》，邵建东译，法律出版社，2000年，第368页。

于对相关利益的衡量，以及行为对法律、社会危害的程度，对不同要件违反了“合法性”要求后而采取不同的法律评价，设立不同的救济制度。

从宏观意义上来讲，无效合同制度的目的是使被滥用的合同自由原则复归到应有的正义轨迹，又不有损于真正的合同自由，以符合发展了的个体正义及社会正义要求。从结果看，合同被宣告或认定为无效有两种情形：一是合同成立时本身已无效，此时自始、确定的不产生合同的约束力；二是合同在成立时并非当然无效，只是因为出现可撤销或者无效的事由，导致其成为可撤销可变更合同或者效力待定合同。因此这类合同的有效与否必须尊重当事人意思自治，交由当事人通过撤销权、追认权行使来确定其效力。鉴于此，本书所讨论的无效建设工程合同的范围仅限于前者意义上的无效建设工程合同，而不涉及后者。

本书在第一章已经谈到建设工程合同缔结方式体现着国家的强制，原则上应当采用招投标方式；鉴于建设工程合同的特殊性，在对待建设工程合同的效力上，国家的强制就更为明显，往往通过在法律中设置强行性规范予以限制。因此，建设工程合同有效与否判断标准在于当事人的意思表示是否符合法律的规定。根据最高法院关于合同效力认定的司法解释规定，认定合同无效只能以法律、法规的强制性规范为依据。所谓强制性规范，是指由当事人必须遵守的，不得通过协议加以改变。如前所述，德国民法把强制性规范分为取缔规范和效力规范两种，类似于最高法院司法解释和我国合同法理论中所谓的取缔性规范和效力性规范。按照最高法院的态度，合同内容违反取缔性规范的，应当受到行政处罚，但不影响其效力；合同内容违反效力性规范才无效。从最高法院的态度可以看出，取缔性规范仅旨在制裁违反行为，并不否认违反行为仍可以在民法上为发生预期的法律后果，行政法上的多数管理规定，应理解为取缔性规范。[①]

最高法院的做法是值得肯定的，有助于清晰指导无效合同认定的司法审判工作。我国民法的普通法与特别法，规定了大量的强制性规范，若不能加以区分，极有可能导致大量无效合同的出现。但是如何区分取缔性规范和效

---

① 参见龙卫球：《民法总论》，中国法制出版社，2001 年，第 527 页。

力性规范却是相当棘手的问题。本书不作揣测，拟从如下方面着眼将二者作如下分析：首先，如果我国现行法律和行政法法规明确规定违反强制性规范将导致合同无效或不成立的，该规定属于效力性规范，比如《合同法》第52条的规定。其次，法律法规虽然没有明文规定违反强制性规范将导致合同无效或不成立的，但违反该规定以后若使合同继续有效将使社会公共利益遭受损害的，也应当认为该规范属于效力性规范。第三，法律法规虽没有明文规定违反禁止性规范将导致合同无效或不成立的，且违反该规范即使合同继续有效也于社会公共利益无损，只是使得当事人利益遭受损害的，该规范就不应属于效力性规范，而是取缔性规范。总之，诚如有学者所言，只有违反了效力性规范的合同才是无效合同，对于违反取缔性规范的合同，不能认定为无效，只能由有关行政机关对当事人课以行政处罚。①

相较于其他合同而言，法律、行政法规、部门规章和地方性法规等对建设工程合同的管制更为严格，表现在法律规范层面上，则是强制性规范更为繁杂。因此，在对待建设工程合同的效力认定问题上，更需要区分效力性规范和取缔性规范。因为建设工程对社会公共利益的影响非其他合同所能比拟，对国计民生影响甚巨，若动不动就将之认定为无效，对建设工程合同法律制度完善并无益处。或许正是基于此种考虑，最高人民法院在对待建设工程合同效力的认定上才会如此慎重，坚定地主张合同无效的原因只能是违反法律和行政法规，至于部门规章和地方性法规等效力层次较低的规范性文件，顶多只能算是取缔性规范。最高法院的做法是符合“鼓励交易”“尽可能使合同有效”的合同法基本精神的。其在关于建设工程合同法律适用的司法解释中，明确指出，法律和行政法规的效力性规范大体分为两类：一是保障建设工程质量的规范，二是维护建筑市场公平竞争秩序的规范。② 前者主要是规范建设工程合同内容，后者主要是规范建设工程合同主体和形式以及订立程序。只有这两类效力性规范，违反之，则建设工程合同无效。

---

① 参见王利明：《关于无效合同确认的若干问题》，载《法制与社会发展》2002年第5期。

② 参见《最高人民法院原副院长黄松有就〈关于审理建设工程施工合同纠纷案件适用法律问题的解释〉答记者问》一文。

第二节 资质缺失及超越与建设工程合同效力

根据我国民法理论及现行法律的要求，民事法律行为的有效与否判断需具备以下条件：当事人具有相应的民事行为能力；当事人意思表示真实；不违反法律行政法规强制性规定及社会公共利益，其中当事人适格是基础条件。因此，大多数研究人员认为，具体到建设施工合同领域，资质是对施工单位的行为能力的要求。这里的行为能力主体资格要求包含两层意思：其一，当事人应当具备从事建设施工的资格；其二，当事人在具备建设施工资格的同时还必须具备实际建设施工能力。这种“能力”是否具备的标准不是当事人自己决定的，而是由专门的法律法规核准的。建设工程承包合同的主体资格，按《建筑法》及相关配套法规的规定，有两个基本要求：首先，建设施工的承包人“只能是具有从事……施工资格的法人”，即建设施工企业。《建筑法》第12条对从事建设施工的企业应当具备的条件作了较为严格的限定，这就排除了个人成为建设施工合同主体的可能；其次，必须具备相应的资质。《建筑法》第26条至第29条在建设工程承包上又对建设施工主体进行了进一步的秩序规范。总的原则即是第26条规定的“承包建筑工程的单位应当持有依法取得的资质证书，并在其资质等级范围内承揽工程”。

通过以上分析，《建筑法》及相关配套法规对建设施工合同主体资格的认定上实际明确了以下要求：①建设施工合同只能由建筑施工企业承揽，禁止个人及非建设施工企业承揽建设施工工程（农村或其他技术含量简单的建设工程可由个体建筑队承揽等施工问题在后文论及）；②承揽建设施工工程的建筑企业应当持有依法取得的资质证书，禁止无资质的建筑企业承揽建设施工工程；③建筑施工企业只能在经依法核准的资质等级内承揽工程，禁止较低资质等级的建筑施工企业承揽需较高资质等级的工程。④禁止不具备法人专业经营性质的建筑施工企业或相应资质等级的单位通过“挂靠”（或称借用他人名义、资格）承揽建设施工工程。⑤禁止出借本企业名义为他人承揽工程。此五项要求均是强制性规定。

一、资质限制的性质

根据建筑企业拥有的注册资本、专业技术人员、技术装备和已完成的建筑工程业绩等条件对法人进行资质等级的划分，其性质应如何认定？是否属于对法人权利能力或者行为能力的限制？对企业的施工行为应当产生何种影响？因理论界对以上问题尚未形成主导性的观点，法理上也没有一个明确的标准可循，现实中存在着不同的观点。有观点认为建筑企业的资质审查制度是企业“权利能力的获得制度”,[①] 还有观点认为，“资质之对于建设工程施工合同，实际上就是行为能力之对于法律行为，是生效要件”,[②] 或者是“施工企业超资质越级订立施工合同，属于行为人不具有相应民事行为能力的情形”。[③] 上述观点，要么将建筑企业的资质制度等同于权利能力制度，要么将其归类于行为能力制度，已经存在分歧。同时让人困惑的是，这些观点又都提到，建筑企业欠缺资质签订的施工合同违反《建筑法》等有关企业资质的强制性规定，应该根据《合同法》第52条第5项的规定而认定为无效。[④] 那么，将欠缺资质的建筑企业签订的施工合同认定为无效，究竟是由于企业欠缺权利能力或行为能力，还是由于该行为违反了强制性规定，抑或是几种原因的结合者都不无疑问。更为重要的是，对资质性质的不同认定会直接影响到欠缺资质的施工合同的效力。因法人从事法律行为时欠缺权利能力发生的是主体是否存在而不仅仅是效力问题，应该由具体行为人而不是法人承担行为后果；法人欠缺行为能力的情形则直接发生行为无效的后果；[⑤] 但如果属于违反强制性规定，如后文所述，则未必发生行为绝对无效的后果，因此有必要对其进行明确认定。为此本书采取了先破后立的论证思路，从资质与法人权利能力、行为能力的区分入手，力求对其性质进行较为科学准确的

① 肖伟、傅远平主编:《合同法案例精解》，厦门大学出版社，2004年，第38页。

② 张泉水、亓述伟:《论资质对建设工程施工合同效力之影响》，载《人民司法》2003年第9期。

③ 宋纲、杨宇:《超资质建设工程施工合同效力辨析》，载《人民司法》2001年第7期。

④ 张泉水、亓述伟:《论资质对建设工程施工合同效力之影响》，载《人民司法》2003年第9期；宋纲、杨宇:《超资质建设工程施工合同效力辨析》，载《人民司法》2001年第7期。

⑤ 龙卫球:《民法总论》，中国法制出版社，2002年第2版，第354、372页。

认定。

（一）资质不是作为法人主体资格的权利能力

权利能力概念之于法人主体与自然人主体一样，都是立法技术的成果，体现着民事主体在民事活动中的主体地位或者说是主体资格。而主体资格只能以有无来论，一个法人一经登记为法人，便成为了民事主体，取得了权利能力。同时，作为一种主体资格，法人与法人之间的权利能力也总是平等的。从民事主体一律平等的原则出发，不能因为现实中法人在资本、资金、技术人员等方面存在差异而允许法律、行政法规对法人的权利能力有所区分或限制。对建筑企业法人进行资质分级管理，只是从保障建筑物质量、规范建筑市场秩序的目的出发，对建筑行业的一种行政管理手段，不是对建筑企业权利能力的限制，一定资质等级的取得也不同于法人权利能力的取得。所以，建筑施工企业欠缺相应资质从事的法律行为也不会因为其欠缺“权利能力”从而导致主体地位的欠缺而无效，对这类合同效力做出绝对无效以外的认定没有法律行为制度或者说是民事主体制度上不可逾越的障碍。

（二）法人资质不是法人行为能力要求

自然人的行为能力制度是以民事主体的年龄、精神状态这些类型化的标准对其意思能力所作的抽象划分，目的在于对意思能力欠缺者及整个交易秩序提供保护。当行为能力制度作为现代国家整合社会团体的一种法律技术适用于法人时，其应当同样是一个具有一定抽象性，能适用于所有法人主体的基础性制度。如果要对法人的行为能力进行不同种类的划分，也应当具有明确的、可以类型化的划分标准，便于交易相对方对之是否具有行为能力做出判断，也要便于行为人自己就行为能力的有无进行举证。从这个角度看，我国企业法人登记的经营范围对法人经营活动的限制，倒是更接近属于对法人行为能力的限制。但是，当我国的立法及司法对法人所登记的经营范围外的经营活动效力认定态度从“一律无效”逐渐转变为“原则上有效”之时，①

---

① 参见《合同法》第50条、最高人民法院关于适用《中华人民共和国合同法》若干问题的解释（一）第10条的相关规定。

法人经营范围带来的限制究竟是对法人行为能力的限制还是属于强制性规定这样的疑问也就产生了，因为如果确定属于主体行为能力的缺失，则会丧失承认企业在经营范围外从事的法律行为有效的依据。

姑且不论对上述疑问所能讨论出的结果如何，涉及资质等级对企业活动范围的限制，有关资质问题的规定是属于法人行为能力制度还是属于强制性规定这样的困惑应该小得多。或者这样表述，如果说经营范围究竟是属于行为能力的限制还是强制性规定是有讨论的必要的，则资质问题的规定无疑更接近强制性规定的范畴：首先，如前所述，行为能力制度作为民事主体方面的基本制度，应该有广泛的适用性。法律已经结合各种法人组织的特征划分了不同的法人类型，如果说法人登记的经营范围是对法人行为能力做出的划分，那么资质问题只是在上述划分结果中的一定范围内才会存在的问题，不具有普遍性。其次，如果认为资质的欠缺等于行为能力的欠缺，则会导致在法理上建筑企业欠缺资质签订的施工合同因主体不具备行为能力而无效，这将使《解释》第 5 条中规定的情形及实务审判中的一些对该类合同的处理方式失去法理基础。既然法人的权利能力、行为能力这些制度诞生的原因之一在于制度的技术性及其社会价值，则在界定这些制度的功能范围之初，不妨从现实出发对制度作用范围合理划定，不将资质等同于行为能力可以对承认一些欠缺资质的合同效力提供法理上的支撑，避免在实践中产生有违现实或者制度上相互矛盾的后果。最后，行为能力关系到一个人（自然人和法人）行使其基本财产权的可能性，关系到一个自然人是否可以根据自己的意志参与法律交易或一个法人是否可以从事关系到其生存发展的经营活动。所以，对民事主体行为能力的规定与划分，“需要精细的规定和严格限制的前提条件，并通过严格的法治国家的程序”才能进行，因为只有这样才能避免“恣意的和在某种程度上不能容忍的判决”。[①] 我国有关施工合同的规定多达六十多种，[②] 如果将其中对资质的规定认定为是对建筑企业行为能力的限制，则势必导致对法人行为能力限制的随意性，一方面不利于对民事主体利益的保

① ［德］卡尔·拉伦茨：《德国民法通论》，王晓晔、邵建东等译，法律出版社，2003 年，第 135 页。

② 黄松有主编：《最高人民法院建设工程施工合同司法解释的理解与适用》，人民法院出版社，2004 年，第 18 页。

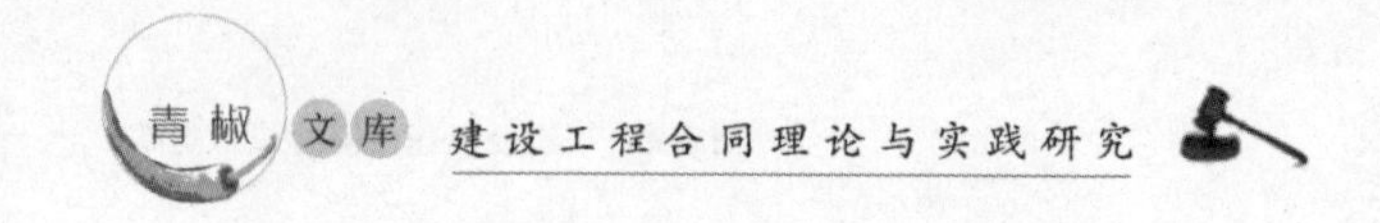

护，另一方也将对民事主体制度的独立性构成威胁。所以，不宜将对法人资质的规制认定为对行为能力的限制。

（三）资质属于法律的强制性规定

通过上文论述可知，企业的资质不同于企业的权利能力或行为能力，《建筑法》等法律法规中禁止建筑施工企业欠缺资质或者超越资质等级从事施工活动，不是因为此种情况下企业不具有法人权利能力或行为能力，而是法律在行为主体制度以外对企业行为的规范，为了保障工程质量的合格及建筑市场秩序的稳定，禁止建筑施工企业从事一定范围内的法律行为，属于合同欠缺“合法性”要件、违反强制性规定的范畴。

法律行为的核心是意思表示，按照意思自治的原则，法律行为发生效力的唯一根据就是当事人之间的意志或合意。[①] 但是，从民法的发展历史来看，不管是立法还是理论，都承认意思表示之外的因素会对法律行为效力产生一定的影响。从罗马法时期对行为形式的重视到近代对善良风俗或公共秩序的考虑，都是立法者从意思表示之外对法律行为效力进行的审查。因为法律行为种类繁多，涉及范围极广，虽然法律行为制度的主要功能在于当事人为自己创设权利义务关系，但个人之间的法律关系的产生、变更及消灭与社会或者国家利益也都有着密切的联系，所以在私法关系的形成到消灭过程中，“国家从来就不是一个旁观者，从民法典到外于民法典的民事立法中国家强制处处可见”。[②] 对于一些国家认为与社会利益关涉重大的法律关系的设立与变更，国家会通过立法、行政等多种方式进行干涉或者调节。

体现国家对法律行为强制调节的法律规范我们称之为强制性规定，这类规定的适用不以当事人的意志为转移，不可通过约定予以排除或变更。也就是，强制性规定适用于任何情形中，即使当事人做出了不同的约定也要适用。“强制性规定之‘强制’，含义就是，它们总是适用，而无论当事人的意志如何”。[③] 在民事立法中，具有强制性的规定主要包括：贯穿于整个民事制

---

① 李永军：《民法总论》，法律出版社，2006 年，第 491 页。

② 苏永钦：《走入新世纪的私法自治》，中国政法大学出版社，2002 年，第 4 页。

③ ［德］卡尔·拉伦茨：《德国民法通论》，王晓晔、邵建东等译，法律出版社，2003 年，第 42 页。

度的民事基本原则的规定；对民事主体权利能力、行为能力的规定；有关权利义务基本含义、类型的规定；保障交易安全、保护第三人利益的规范。[①]

此外，还有一些为了维护社会公共利益、公序良俗而对私法自治予以限制的规定及与法律行为实施有关的禁止性条款。这一类型的条款有存在于民事立法内部的，但更多的是存在于刑法、行政法及其他的一些属于公法领域的规范文件当中，它们通常表现了立法者特定的经济和社会政治目的。[②] 这类规范的适用也不以当事人的意志为转移，不管当事人意愿如何，它们都会对当事人的法律行为发生强制性的调整作用。这类规范也被称为强制性规定，属于我国《合同法》第 52 条第 5 项规定的“违反法律、行政法规等强制性规定的合同无效”中所指的“强制性规定”。

我国规定建筑企业施工资质的《建筑法》等法律法规，主要是对建筑企业实行资质审查制度，禁止其欠缺资质从事施工行为，从而达到保障建筑物质量、维护建筑市场秩序的目的。建筑市场管理部门通过审查建筑施工企业所拥有的注册资本、专业技术人员、技术装备和已完成的建筑工程业绩等资质条件，将之划分为不同的资质等级，并颁发相应等级的资质证书以方便行政监管，同时也有利于公众对企业施工能力的识别。欠缺资质等级承揽工程的，由管理部门处以罚款、责令停业整顿、降低资质、吊销资质证书、没收违法所得等处罚手段。所以，结合《建筑法》及《管理条例》的调整对象及调整方式，从公法私法的划分角度看，其无疑属于公法范畴中的强制性规定。因为“如果在某项需要调整的法律关系中，至少有一方当事人正是以公权主体的性质参加这项法律关系，那么这项法律关系就属于公法范围；不符合这一条件的所有法律关系都属于私法范围”。[③] 我国《建筑法》调整的法律关系中，国家管理部门对企业资质的监督与管理是其主要内容，这些基于监督管理产生的法律关系中，公权力的参与是其重要方面，所以，我国关于资质的相关规定，属于公法领域以行政管理为主要目的的强制性规定。

综上所述，建筑施工企业欠缺资质签订的施工合同，不应因主体欠缺权

---

① ［德］卡尔·拉伦茨：《德国民法通论》，王晓晔、邵建东等译，法律出版社，2003 年，第 42 页。
② ［德］卡尔·拉伦茨：《德国民法通论》，王晓晔、邵建东等译，法律出版社，2003 年，第 589 页。
③ ［德］卡尔·拉伦茨：《德国民法通论》，王晓晔、邵建东等译，法律出版社，2003 年，第 5、6 页。

利能力或行为能力而丧失有效的基础，只是因违反强制性规定发生“合法性”的问题，属于违反强制性规定的法律行为。目前通说认为法律行为违反强制性规定无效，因此，分析法律行为违反强制性规定而无效是分析施工合同无效的理论基础或者前提。所以，下文将对违反强制性规定的法律行为效力认定的相关理论进行分析，以期在强制性规定的框架内为该类合同效力认定寻找适当途径。

二、建设工程合同资质缺失的效力认定

我国《建筑法》第13条规定，从事建筑活动的建筑施工企业，按照其拥有的注册资本、专业技术人员、技术装备和已完成的建筑工程业绩等资质条件，划分为不同的资质等级，经资质审查合格，取得相应等级的资质证书后，方可在其资质等级许可的范围内从事建筑活动；第26条规定，承包建筑工程的单位应当持有依法取得的资质证书，并在其资质等级许可的业务范围内承揽工程。禁止建筑施工企业超越本企业资质等级许可的业务范围或者以任何形式用其他建筑施工企业的名义承揽工程。相关规范性文件对此问题也有规定，如《建设工程质量管理条例》（以下简称《管理条例》）第25条第1、2款规定：“施工单位应当依法取得相应等级的资质证书，并在其资质等级许可的范围内承揽工程。禁止施工单位超越本单位资质等级许可的业务范围或者以其他施工单位的名义承揽工程。”可见，建筑企业没有资质或超越资质等级签订建设工程施工合同的行为是上述法律法规所禁止的。但是，如大多数其他法律一样，这些禁止性规定都有不被遵守或者违反的情形。施工合同是否违反了上述有关资质的规定即施工企业是否欠缺施工资质很容易判断，但此违反行为的效力应如何认定，在现实中则更具争议性。《建筑法》及《管理条例》等相关规范中只规定了吊销资质证书、罚款、没收等行政处罚措施，并没有对欠缺资质的施工合同效力作明确认定。以至司法实践中对此存在着不同的观点：有观点认为此类行为主体欠缺权利能力或行为能力，主体资格上丧失了行为合法性的基础，属于无效行为；有观点认为这类行为因为违反强制性规定而应一律认定为无效；也有观点认为此类合同并非绝对

无效。为了对审判实务中解决该问题提供一定的参考标准，最高人民法院《关于审理建设工程施工合同纠纷案件适用法律问题的解释》（以下简称《解释》）第1条根据《合同法》第52条第5项的规定，将承包人未取得建筑施工企业资质或者超越资质等级所签订的建设工程合同统一认定为无效合同。但是，《解释》第5条却又规定："承包人超越资质登记许可的业务范围签订建设工程施工合同，在建设工程竣工前取得相应资质等级，当事人请求按照无效合同处理的，不予支持。"如果所有欠缺资质的施工合同都应当被认定为无效，第5条中规定的矛盾之处又应如何解释？依通说，法律行为的无效是确定、绝对和自始的无效，[①] 显然《解释》将之从无效变为有效的做法与该传统理解不尽一致。

可见，主体欠缺资质的施工合同的效力应如何认定有待明确，施工企业的资质究竟应对施工合同效力产生何种影响及《解释》的法理和现实基础等确实存在很大问题。如前所述，大陆法系国家或地区在认定违反强制性规定的法律行为效力时，并不是简单地根据引致条款的规定，将所有的违反行为都认定为无效，在强制性规定本身没有规定与之相悖的行为效力时，有些情形需要从规范的目的出发，对法规体现的法益与法律行为体现的法益进行衡量然后得出判断。上述国家的理论与实务也都证明了这样处理的合理性及必要性。那么，建筑企业违反有关资质制度的强制性规定签订的施工合同效力应如何认定？《解释》第1条中将其直接以"违反法律、法规的强制性规定"认定为无效的做法是否适当似乎也有探讨的必要。

（一）建设工程合同效力认定的法律依据

1. 基础性法律依据

我国《合同法》第52条第5项规定，违反法律、行政法规等强制性规定的合同无效。该条款与《民法通则》第58条第5项共同构成了我国立法中公法规范进入私法领域的重要管道，也是认定违反强制性规定的法律行为效力的原则性条款。在认定欠缺资质的施工合同效力时，实务中的诸多观点

① 江平主编：《民法学》，中国政法大学出版社，2000年，第206、207页。

不论是将企业资质归入法人的权利能力还是行为能力，最后都会以违反《建筑法》为由，依据《合同法》第52条第5项将合同认定为无效。最高院的《解释》第1条中也将施工企业违反有关资质的强制性规定签订的施工合同依据《合同法》第52条第5项的规定认定为无效，可见该条款在认定违反行为效力时之基础作用。

但应当注意的是，实务运用中不仅要看到其引致条款的功能，同时也要重视对该类规范解释规则、概括条款功能的运用。这样可以有效避免实务中绝对有效或者绝对无效不适当局面的发生，这已为德国及台湾地区的理论和实务所证明。

另外，相较于《德国民法典》第134条及台湾地区“民法”第71条的规定，《民法通则》及《合同法》中引致条款的表述没有“但书”规定，未能在立法层面中为司法裁量留下空间，是立法的不完善之处，这同时也是《解释》中第1条陷于僵硬及与第5条相矛盾的原因之一。所以在对该条的适用中，应当注意到其立法的欠缺，尽量通过其他的途径对此不足作出弥补而不能拘泥其中。

2. **具体规范依据**

我国现行的调整建筑施工企业资质制度的规范性文件，除了有本书第一部分中提到的《建筑法》和《管理条例》中的相关规定，另外还有《建筑业企业资质管理规定》第3条规定：“建筑业企业应当按照其拥有的注册资本、净资产、专业技术人员、技术装备和已完成的建筑工程业绩等资质条件申请资质，经审查合格，取得相应等级的资质证书后，方可在其资质等级许可的范围内从事建筑活动。”

可见，我国现行的法律规范中关于建筑企业资质问题既有法律层面的也有行政法规、部门规章范畴的规范性文件。因我国《合同法》第52条第5项明确指出，违反“法律、行政法规”的合同无效，我国司法实践中及理论界均严格坚持，只有法律、行政法规层次的规范性文件才可以通过引致条款到民法内部对法律行为效力认定产生影响。所以，上述第三点《建筑业企业资质管理规定》中对建筑施工企业资质问题的相关规定，不属于《合同法》

第52条第5项中的对建筑企业欠缺资质签订的施工合同效力产生影响的强制性规定，只有《建筑法》和《管理条例》中的相关规定可以通过《民法通则》第58条第5项、《合同法》第52条第5项对该类合同的效力产生影响。

上述强制性规定共同发挥着保障建筑工程质量、规范建筑市场秩序、保护相对方及相关主体利益的作用。管理部门通过对建筑施工企业的注册资本、专业技术人员、技术装备和已完成的建筑工程业绩等内容的审查，对建筑施工企业的施工能力做一个物化的考量，以确定企业是否具有施工能力，以证书的形式对这种确认附加了公权力上的肯认，便于第三人判断并保障这种判断的可信度，并以罚款、责令停业整顿，降低资质等级、吊销资质证书、没收违法所得等行政处罚作为阻吓手段以预防企业从事欠缺资质的施工行为，其主要目的在于禁止企业欠缺施工资质从事建筑活动，以保障建筑物的质量合格。

（二）理论研究及审判实务的纷争

最高人民法院于2004年出台了《关于审理建设工程施工合同纠纷案件适用法律问题的解释》，对相关法律问题进行了统一的规定，下文将结合前文论述对《解释》中的处理方式作简单评析。

1. 司法解释出台前理论与审判实务的纷争

对建设工程承包人超越资质签订的建设工程施工合同效力问题，一般主流观点认为应该认定合同无效。但是学者仍有不同的观点，值得研究。

第一种观点认为超越资质签订建设工程合同应认为有效，其理由在于：一是合同不得违反法律、行政法规的强制性规定是指合同的内容必须合法，而合同主体资格不在合同内容的范畴之内。二是因为我国现行立法对法人超越其经营范围或业务范围的行为是否认定无效并无明确规定，要求法人在经营范围内行为是必要的，但并不意味着对超越经营范围或业务范围的行为一律宣告无效。三是从现实考虑，一旦法院确认合同无效，必然造成财产的巨大损失和浪费，不利于发挥资产的价值和效益。因此，仅仅因为资质条件形式上的欠缺即认定合同无效是不妥的，只要工程质量合格，就应按合同有效处理。[①]

第二种观点认为，只有在严重超越本企业建筑资质等级的情况下签订的合同才无效。[②]

第三种观点认为，承包人虽未持有与能承接的建设项目相应的资质等级证书，但具有完成施工任务、交付合格或优良工程能力的，不应仅从其资质条件在形式上的缺失而认定其无效。[③]

第四种观点认为，在我国的司法实践中还有根据工程是否开工，或者工程质量是否合格来认定承包人超越资质签订的合同效力，如工程未开工，当事人主张无效的，一般认定无效；如工程已竣工质量合格则认定有效，反之无效。[④]

第五种观点认为，以上观点从某一层面而言，似乎都有一定道理，但是从法理以及现行立法上都是不成立的。因为建设工程承包人必须具备相应的资质等级，并在资质等级范围内承包工程，这是法律通过强制性规范对承包人行为能力的限定，承包人不具备这一行为能力，必将导致建设工程合同的无效。理由在于：其一，国家是根据勘察设计人和施工人的专业技能和实力进行资质等级评定的，一定的资质等级只适合从事一定的工程建设活动，这是对建设工程质量和安全的保障。承包人超越资质承接工程项目，意味着该工程项目承包人在行为能力上存在缺失，也意味着该工程项目在质量和安全上缺乏基本的保障。其二，我国《合同法》《建筑法》《建设工程勘察设计管理条例》《建设工程质量管理条例》禁止无资质、超越资质承揽建设工程的规范为禁止性规范中的效力性规范，违反效力性规范的合同为无效合同。其三，承包人以任何形式借用其他企业的资质等级承揽的工程，只是具有名义上的合法资质等级，其实质仍属无资质承揽工程。它与直接的无资质、超越资质承揽工程的区别，不过是承包人以迂回手段的行为，规避强制规定，

① 参见宋纲、杨宇：《超资质建设工程施工合同效力辨析》，载《人民司法》2001 年第 7 期。

② 参见吕伯涛：《适用合同法重大疑难问题研究》，人民法院出版社，2008 年，第 290 页。

③ 参见米奇：《建设工程合同》，中国民主与法制出版社，2003 年，第 89 – 100 页。

④ 参见徐力、欧阳军：《因主体资格欠缺而导致建设施工合同无效的原则研究》，载《法律适用》2002 年第 6 期。

其目的则是达到法律所不许之效果。[①] 因此法律必须对借用资质的行为给予否定评价。[②]

认识上的分歧在审判实务中也有体现，同样是施工企业欠缺资质的施工合同，法院的判决结果有时候却会截然相反。例如，在“张立新诉厦门市必胜田贸易有限公司无效建筑工程合同纠纷”一案中，张立新承包了必胜田贸易有限公司公寓楼的建设工程，工程竣工后后者以张立新不具备相应施工资质为由主张合同无效，拒绝支付工程款。一审法院认定合同有效，二审法院却以张立新欠缺施工资质为由，将施工合同认定为无效合同，但是支持了张立新要求对方支付工程款的诉讼请求。[③] 在“金河环保设备中心与溢香酿造厂建设工程施工合同纠纷”一案中，法院以工程承建者金河环保设备中心欠缺施工资质，违反《建筑法》第26条规定为由，依据《合同法》第52条第5项认定该合同为无效合同，并且拒绝支持设备中心对其已经履行部分合同的工程款及利息97 001元的诉讼请求。[④]

显然，在现实中对该类合同应该如何认定产生了分歧，一二审法院、不同地方的法院都有不同的认识和理解。其处理结果，要么依据违反强制性规定为由认定合同无效，但又是损害了一方当事人的利益，违背了诚实信用原则；要么是虽照顾了当事人之间的公平正义，但处理方式上却存在“无效合同有效处理”的矛盾之嫌，同样有失妥当。

2. 《解释》体现最高院认定思路及审判实务

《解释》第1条规定：承办人未取得建筑施工企业资质或者超越资质等级的施工合同或者没有资质的实际施工人借用有资质的建筑施工企业名义签订的建设工程施工合同，应当根据《合同法》第52条第5项的规定，认定

---

① 参见王泽鉴：《民法总论》，法律出版社，2001年，第284页。

② 《最高人民法院关于审理建设工程施工合同纠纷案件适用法律问题的解释》第4条规定：“承包人非法转包、违法分包建设工程或者没有资质的实际施工人借用有资质的建筑施工企业名义与他人签订建设工程施工合同的行为无效。人民法院可以根据《民法通则》第134条规定，收缴当事人已经取得的非法所得。”

③ 肖伟、傅远平主编：《合同法案例精解》，厦门大学出版社，2004年，第30－33页。

④ 北京市高级人民法院民事审判第一庭编：《北京民事审判案例精析》，法律出版社，2003年，第280页。

无效。同时，该《解释》第5条又规定，“承包人超越资质等级许可的业务范围签订建设工程施工合同，在建设工程竣工前取得相应资质等级，当事人请求按照无效合同处理的，不予支持”，对《解释》第1条的无效认定作了变通规定。另外，《解释》第2条规定的“建设施工合同无效，但建设工程竣工验收合格，承办人请求参照合同约定支付工程款的，应予支持”，实际上也是将该类合同按照有效合同来处理的。①

可见，《解释》统一将欠缺资质的施工合同以违反强制性规定为由认定为无效，另一方面又注意到了“现实中在一定地区普遍存在的超越资质签订合同的现象”，对其效力的处理作出了变通，允许当事人在事后取得资质或者工程质量合格的情形下依据合同主张权利。

3. 《解释》认定思路的问题所在

按照其制定者的说明，《解释》第1条之所以将合同无效的情形限定在三种情形的五种合同（承包人未取得建筑企业施工资质或者超越资质等级的；没有资质的实际施工人借用有资质的建筑施工企业名义的；建设工程必须进行招标而为招标或者中标无效的），是因为我国现在有过多的“行政法规范的强制性规定对施工合同进行着调整与干预，如果将所有违反建筑领域的强制性规定签订的施工合同都认定为无效，则势必对人民法院的审判工作造成困扰，也不利于实现《合同法》尽量保护当事人利益，促使合同有效的立法宗旨”②。所以，从“行政法规的立法目的出发，紧扣《建筑法》保证工程质量这一立法宗旨，将上述五种直接关系建筑工程质量即建筑业市场规范经营的合同认定为无效合同”。③

显然，《解释》制定者认识到了将所有违反《建筑法》等相关法律、行政法规的合同都认定为无效不甚适当，但其将所有违反资质相关的强制性规

① 至少就支付工程价款来说是部分地承认了合同效力。参见孙鹏：《论违反强制性规定行为之效力——兼析〈中华人民共和国合同法〉第52条第5项的理解与适用》，载《法商研究》2006年第5期。

② 黄松有主编：《最高人民法院建设工程施工合同司法解释的理解与适用》，人民法院出版社，2004年，第18页。

③ 黄松有主编：《最高人民法院建设工程施工合同司法解释的理解与适用》，人民法院出版社，2004年，第23页。

定的合同一律认定为无效同样有过于绝对之嫌。虽然《解释》第5条将施工企业在"竣工前取得资质的"情形以与第1条相矛盾的方式作了变通规定，但这只是诸多需要变通处理的情形之一，《解释》这种封闭性框架式的思维模式，排除了将其他情况中的合同认定为有效的可能，这就使得现实中很多案件的处理受到限制。例如，在"永州市建设委员会与陕西省房屋建筑工程公司、肖放时建设工程施工合同纠纷"一案中，施工资质的欠缺却没有导致合同被认定为无效。因为，最高人民法院的审判意见认为，虽然肖放时承建工程时不具有施工资质，但是其施工的工程已经通过了竣工验收并投入使用，该合同并没有损害国家和社会公共利益，此时已没有必要再认定合同无效，对方当事人也应从诚实信用出发，履行工程款的付款义务。[①] 如果依照《解释》的规定，该类合同也应认定为无效。但显然此时将合同认定为有效对于规范目的的实现并无多大障碍，也保证了当事人之间的诚信和交易安全。

除此之外，《解释》所规定的例外情形在个案中也并非无一例外地与《建筑法》规范目的不相冲突。例如，施工者一方虽然在竣工前取得资质，但这并不代表工程质量就能合格，而按照《解释》的认定，只要其单方取得资质，对方就不能主张合同无效，显然这并非总是很好地维护对方当事人的利益，保证《建筑法》保证工程质量的规范目的的实现。或者可以说，《解释》甚至也排除了个案中此种情形合同个案认定为无效的可能。

综上所述，但对于欠缺资质的施工合同来说，《解释》是用自己的衡量结果取代了法官个案中的衡量过程，以一种框架式的做法排除了法官对具体个案的衡量，其实质仍然采用的是"违法=无效"的认定模式。这是否是出于对法官进行价值权衡能力的不信任或许是《合同法》第52条的惯性思维使然，那就不得而知了。

① 中华人民共和国最高人民法院民事审判第一庭编：《民事审判指导与参考》，法律出版社，2002年，第192－210页。

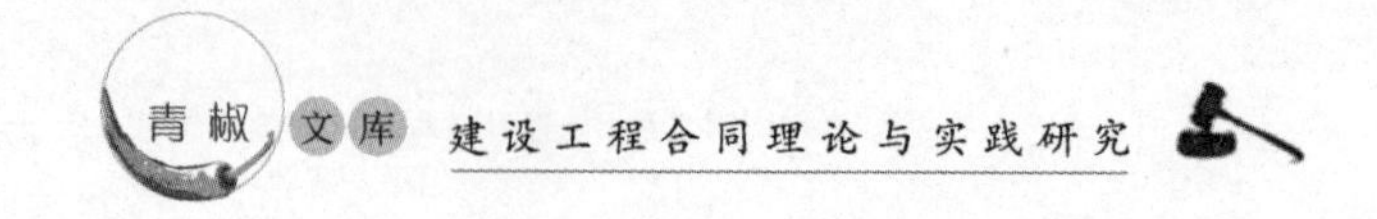

三、本书对建设工程合同效力认定的见解

根据上文分析，《解释》实质上仍然是用“违反=无效”的认定模式来处理问题，以框架式的认定模式限定了法官根据个案进行衡量的可能，以自己的衡量结果取代了法官的个案衡量过程。因此其在本质上并没有真正采用对违反行为效力认定的科学方法。对于欠缺资质的施工合同效力认定，应当从《建筑法》及《管理条例》的规范目的出发并根据具体个案的情形进行衡量，并注意对《合同法》第52条“概括条款”“解释规则”功能的综合运用，也就是说，要在规范目的下进行法益权衡，具体观点如下：

（一）规范目的下的利益平衡考量

在承认国家这个实体及其管制的前提下，公法对法律行为的管制也是不可避免的。通过合法程序制定的法律、行政法规代表着国家对社会经济的干预与调节，维护了一定的公共利益。所以都应承认其效力，并尽量保证其目的得以实现，以肯定国家透过立法对经济、社会秩序的干预，贯彻其政策。所以，在认定违反行为效力时，是否违背规范目的是一个重要的衡量标准。同时，也要注意另一个原则——公法、私法之间的差异。我国的私法精神长久缺位，大量公法上的强制性规定涌入私法领域并直接影响着私法行为的效力认定，对私法原则及私法体系的独立性造成了一定的冲击。[①] 所以，我们也需要从这个角度来审慎地理解、对待各种强制性规定对民法体系中的主要制度——法律行为的影响。前面已经论述，我国有关资质的强制性规定属于公法范畴，遵从的是公法中服从管理、效率等原则，通过对企业施工资质的管理以确保其承揽工程时具有相应的施工能力，从外在方面尽量保障建筑工程质量并维护建筑市场秩序。

建设工程合同作为一种法律行为，遵循的主要原则是私法自治，其主要是为了实现私人利益。虽然国家利益与个人利益并不截然分开，但既然承认

① 孙鹏：《论违反强制性规定行为之效力——兼析〈中华人民共和国合同法〉第52条第5项的理解与适用》，载《法商研究》2006年第5期。

公法、私法之间的划分，也就要承认不同领域内各自对不同价值的追求与侧重。在私权范围内，法律行为是当事人创设权利义务的主要工具，在国家利益允许的范围内应当尽量尊重这个实现个人利益的空间。所以，如果承认施工企业欠缺资质签订的施工合同效力不会对社会公共利益造成足够大的威胁，从尊重意思自治、维系私法体系独立的角度出发，此时应避免采取“违反＝无效”的简单处理方式，避免直接依据《合同法》第52条第5项将合同认定为无效，而应该综合衡量各种因素以做出能更合理协调国家利益与私人利益的认定。下文将按照这个处理思路，在对强制性规定所代表的规范价值与法律行为所欲实现的私法价值进行衡量的前提下，对建筑施工企业欠缺资质签订的施工合同中包含的无效因素和有效因素分别进行具体分析，从而对该类合同的效力认定提供参考。

（二）资质缺失对建设工程合同效力判断的具体方案

在认定违反行为的效力时，德国、日本及我国台湾地区的相关理论与实务虽然都呈现出一个共同的趋势——授权法官根据具体个案的情况进行综合判断和价值补充，以更好协调强制性规定体现的法益与法律行为体现的法益。但是，个案的法益权衡也是需要有其正当化的论证依据的，也就是说必须有一定标准和依据来对个案权衡进行指导。综合上述各国及地区的理论，不难发现，他们都对这种划分依据也就是所思考的因素做了总结，比如德国学说中的规范性质、规范目的、规范对象等，日本学说中的取缔法规的目的，违反行为在伦理上责难的程度，交易安全或当事人之间的信义、公平，合同的履行阶段等诸多因素。具体到施工合同效力的认定，对法官的个案衡量同样也必须有一定的依据进行支撑，这些需要进行法益权衡的因素的归纳总结，对该类合同的效力认定也具有重要的意义。下文将根据具体案例的分析和对司法解释的认定（正如上文所分析的，《解释》就相当于最高院处理此类合同时进行的法益衡量，从中也可探悉最高院所重视因素类型）为例，并结合相关可资借鉴的学说，以抽象出认定该类合同效力所必须考虑和衡量的依据和标准。

【案例一】在“张立新诉厦门市必胜田贸易有限公司无效建筑工程合同

纠纷”一案中，工程竣工后必胜田贸易有限公司以施工人张立新不具备相应施工资质为由主张合同无效，拒绝支付工程款。[①] 一审法院以“当事人双方意思表示真实，工程已经竣工”为由认定合同有效，这一判决中法院首先考虑到了当事人之间的意思自治，以及合同的履行状态，即从社会经济角度进行了衡量。其并没有过于注意行为的违法性。二审法院认为“施工单位欠缺相应的施工资质，违反了《建筑法》的规定，应当认定合同无效”，可见法院主要考虑了行为的违法性，以违反强制性规定为由直接认定合同无效。另外，在“金河环保设备中心与溢香酿造厂建设工程施工合同纠纷”一案中，审理法院同样优先考虑行为的违法性，以施工企业欠缺资质，违反强制性规定为由，认定合同无效。

【案例二】在“永州市建设委员会与陕西省房屋建筑工程公司、肖放时建设工程施工合同纠纷”一案中，[②] 一审、二审法院均认为，肖放时承建工程时不具有施工资质，但是“其施工的工程已经通过了竣工验收并投入使用，未损害社会利益与第三人利益”，“永州市建委应当依据诚实信用原则履行付款义务”。这说明审理法院在此合同的效力认定中更看重的是规范目的的实现和双方当事人之间诚信与公平的保护。

可见，在施工合同中，主要包含保障工程质量兼保护相对方利益的规范目的之实现，当事人之间的诚信、公平的维持，工程所含社会成本、经济投入的计算及交易安全的维护等因素。下文将就上述因素在本类合同中的体现作一汇总式的分析，以期能对实务中个案衡量提供一个参考标准。

1. **无效因素**

首先，考虑行为的违法性。《建筑法》和《管理条例》明确规定建筑施工企业应当在资质等级许可的范围内从事建筑活动，未取得资质等级或者超越资质等级承揽合同的行为是强制性规定明确禁止的行为。我国《民法通则》第58条第5项规定，违反法律或者社会公共利益的民事行为无效；《合

---

① 肖伟、傅远平主编：《合同法案例精解》，厦门大学出版社，2004年，第30－33页。

② 中华人民共和国最高人民法院民事审判第一庭编：《民事审判指导与参考》，法律出版社，2002年，第192－210页。

同法》第52条第5项规定，违反法律、行政法规等强制性规定的合同无效。所以，认定建筑施工企业欠缺资质签订的施工合同的私法效力时，很容易依据《民法通则》和《合同法》中的上述规定被以违反强制性规定为由认定为无效。

其次，考虑强制性规定目的之违反性。该点其实是“违法性”因素的实质内容。《建筑法》及《管理条例》对资质制度的相关规定，主要目的在于禁止建筑施工企业欠缺资质或者超越资质从事施工行为，从而达到保障建筑工程的质量、规范建筑市场秩序、保障合同相对人及众多利益相关体（如建筑工程的使用者）的生命财产权的效果。如果承认建筑施工企业欠缺资质签订的施工合同之效力，则有可能对欠缺资质的施工行为产生纵容效果，不能发挥《建筑法》及《管理条例》对这类行为的阻吓作用，也丧失了使行为在私法上无效的预防、警示功能。如果控制不当，不仅容易导致《建筑法》及《管理条例》名存实亡，也会危害工程质量及建筑市场。从法律秩序看，支持一个在公法上所禁止的行为在私法上发生效力也会导致法律秩序的矛盾性。德国“规范目的说”就强调，“违反行为的有效与否应视禁止规范的目的而定，使之有效将与禁止规范的目的相违背时就要否定行为的效力”，[①] 该说在德国的通说地位也显示了德国理论与实务中对规范目的主要地位的共识。

所以，合同效力是否有效应该放在能否保证建筑工程质量、维护社会公共利益的立法目的内考察，这是该类合同效力认定中的一个重要衡量因素，作变通认定时也要考虑不能让相关规范有名无实。

但是，关于上述无效因素还需注意以下两个问题：①违法不等于无效。虽然我国《民法通则》和《合同法》都规定，违反法律、行政法规的法律行为（合同）无效，但前文已经论述，我国关于资质制度的强制性规定是以管制为目的的公法规范，其本身没有规定与之相悖的行为效力如何，对其效力进行认定时则需要在《建筑法》等规范所体现的利益与施工合同所体现的私法自治之间艰难地进行利益衡量。应当注意，违反这样以管制为目的的公法

① 苏永钦：《私法自治中的经济理性》，中国人民大学出版社，2004年，第37页。

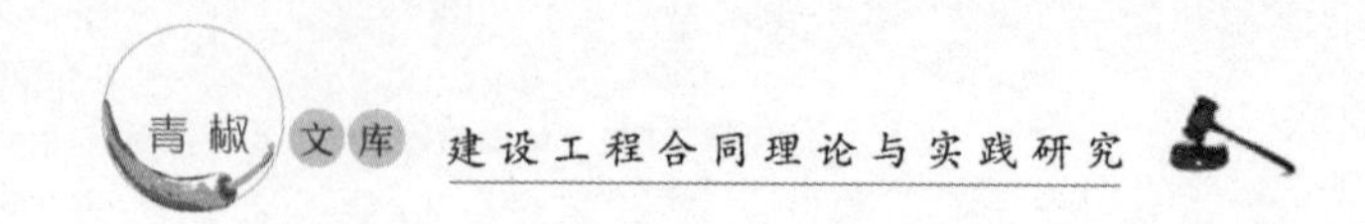

规范，违法性不应该是认定法律行为无效的决定性因素。在法律的具体适用中，也要注意对我国《民法通则》第58条第5项和《合同法》第52条第5项这种引致条款解释规则、概括条款功能的运用，有些情况下，违法有可能导致公法上的责任的承担，但不必然导致法律行为在私法上的无效。比如，德国法院在“处理违反那些不具备强烈的伦理基础的规范时，应避免产生无效后果”的倾向①也说明了实务中违法不等于无效处理方式存在的必要性。②强制性规定目的之实现问题。《建筑法》及《管理条例》禁止施工企业欠缺资质或者超越资质从事施工行为，主要目的在于保障建筑工程的质量和安全。本书前面已将《建筑法》及《管理条例》中对建筑企业资质制度的规定界定为公法范畴中的强制性规定，也即相当于德国理论中的“禁止规范”、日本民法理论中的“取缔法规”、我国台湾地区“民法”理论中的“取缔规定”。上述各国及地区的理论均认为，违反该类规范的法律行为，不会发生必然无效的后果，而需要法官结合个案中的规范目的、当事人之间履行状态等因素进行综合衡量。

但是，正如具备相应资质的建筑施工企业所签订的施工合同会出现质量不合格的情形一样，不具备相应资质并不意味着所为工程必然不合格。也就是说具备相应资质等级不是建筑工程质量合格的必要条件，自然也不是“保障工程合格”的立法目的之实现的必要条件，在有些情形中，没有必要将之与合同的有效或无效绝对联系，即使使该合同有效，也不会导致建筑企业今后就可以无资质施工的结果。此时，不能简单地以形式推理方法，仅凭合同违反强制性规定就认定行为无效，而是应当结合个案情形，如果不将合同认定为无效就不能达到强制性规定的目的且会损害国家利益时，才应当否认其效力。

另外，承认合同效力不等于承认行为合法，也不会必然导致《建筑法》禁止建筑施工企业欠缺资质或者超越资质从事施工行为、保障建筑工程的质量的立法目的落空。要使得规范发挥对该类行为的阻吓作用，还有行政上的措施，比如罚款、没收违法所得、吊销资质等级证书的存在，可以以此来禁

① ［德］迪特尔·梅迪库斯：《德国民法总论》，邵建东译，法律出版社，2001年，第491页。

止欠缺资质施工行为的发生，没有必要通过使法律行为在私法上绝对无效这样的手段来达到公法上的管制目的。

总之，实现强制性规定的目的是认定合同效力时需要重点考虑的因素，但不能作为使欠缺资质的施工单位签订的施工合同全部归为无效的充分理由，该“无效要素”的作用不应过于绝对化，仍需结合其他因素综合衡量。

2. **有效因素**

首先，注重交易安全。合同一旦在当事人之间成立，则对当事人产生拘束作用，当事人都要按照合同约定履行各自的义务。一般来说，合同不因其自身基础以外的原因而无效，当事人对自己签订的合同有理由信赖其效力并履行之。[①] 也许合同一方对建筑领域中建筑企业的资质等级划分等规则标准不够了解，或者对资质等级的理解存有偏差，但可通过其他渠道，如以往的合作经验、可信任朋友的介绍或担保等，相信该建筑企业有能力完成双方之间的建筑合同，此时再以欠缺资质为由使合同归于无效，似乎在当事人所期望的法律保护之外，不利于合同的稳定性。而且，结合我国对建筑施工企业的资质等级实行动态管理的现状，主管机关对企业的资质等级的审批需要一定的时间，有可能会导致建筑企业实际具备某种施工能力与取得相应的资质等级证书之间有一定的时间差。所以不能不考虑到建筑施工企业实际已具有一定的施工能力暂时却未能取得相应的等级证书的情形。施工合同一般涉及的标的比较大、范围较广，当事人一旦准备履行合同或者已经开始履行合同，轻易将合同认定为无效，势必对当事人的财产及社会资源造成浪费，并有可能在社会中引起消极的连锁反应。所以，从维护交易安全的角度出发，不考虑特殊情形，将所有的欠缺资质所为的合同都认定为无效有失合理。最高人民法院在该《解释》第5条规定变通情形时就指出，此种情形下使合同有效不会违背《建筑法》的规范目的，反而有利于“保证建筑市场合同的稳定性、保证交易安全”[②]，可见交易安全作为此类合同效力认定中衡量因素之

① ［美］小奥利弗·温德尔·霍姆斯：《普通法》，冉昊、姚中秋译，中国政法大学出版社，2006年，第276页。

② 黄有松主编：《最高人民法院建设工程施工合同司法解释的理解与适用》，人民法院出版社，2004年，第58－59页。

必要。

其次，虑及当事人之间的公平、诚信。虽然建筑施工企业欠缺相应的施工资质，但能依约履行合同且建筑工程经验收合格，此时是否依然要按照违反强制性规定的合同处理，将合同认定为无效呢？这显然是不合适的。按照我国《合同法》和《民法通则》的规定，合同无效的积极后果是返还财产，不能返还或者没有必要返还的，应当折价补偿；恶意串通损害国家集体或他人利益的合同还要对违法所得予以没收。而无效的消极后果则是法院不支持当事人对该合同的强制履行请求。如果建筑合同已经履行完毕且建筑工程质量合格，令当事人返还财产或折价补偿都是无视现实且过于僵硬的做法，其不经济不利益之处就无需多言了。再者，工程质量合格而一方当事人以施工企业欠缺施工资质，合同违反强制性规定而无效为由拒绝支付工程款的情形中，如果支持其主张，很明显是对不诚信行为的纵容并会导致当事人之间的不公平状态。

此时就应当承认合同效力以约束双方按照合同履行各自的义务。例如，上述【案例二】中，审理法院最高人民法院认定该合同有效的考虑因素之一就是“工程通过了竣工验收，完全符合质量标准且交付使用……永州建委应当依据诚实信用原则依合同约定支付工程款”。[①]

关于处理此种情况，在英美合同法中反对没收的原则也颇值得我们借鉴。美国法院在决定如何对待一份违反公共政策的合同时，反对没收也是他们考虑的重要因素之一。[②] 如果拒绝强制执行该合同有利于贯彻法律中的公共政策，但会导致对当事人没收的后果，法院通常会设法避免这种结果的发生，除非这项公共政策是一种非常重大的政策从而使法院有理由认为，即使出现没收的后果这种政策也是必须得到贯彻的。[③] 这种考虑具体情况、在适

---

① 中华人民共和国最高人民法院民事审判第一庭编：《民事审判指导与参考》，法律出版社，2002年，第204页。

② 英美法中，违反公共政策与违反法律是两个既有密切联系，但又有区别的概念。合同违法指合同的订立或履行违反了禁止这种行为的强制性规定。这种强制性法律规则必然在某种程度上体现着公共政策。但有时违法的行为却不构成对公共政策的违反。因此，违法并不是法院拒绝强制执行合同的真正理由，违反公共政策才是真正理由。参见王军：《美国合同法》，中国政法大学出版社，1996年，第130页。

③ 王军：《美国合同法》，中国政法大学出版社，1996年，第144页。

度范围内让公共政策为当事人之间的公平利益让步的做法，也对本类合同效力的处理有着重要的参考价值。

再次，衡量社会、经济成本。施工合同的标的通常为建筑物，不论建筑物的规模大小，都关涉着该合同当事人的重大财产经济利益，或者是倾其一生所有求一安身立命之处，或者是耗资颇多关涉投资者命运兴衰的举动，社会影响广泛，与人民生命财产安全联系密切。而且建筑物一旦开始施工，诸多投入便俱不能再恢复或者是恢复代价过大，不适合采用无效合同的通常处理方式——恢复原状、返还财产等。所以，在认定欠缺资质的施工合同效力时，合同涉及的经济投入、社会成本就具有了更特殊的考量价值。

日本民法理论中的“履行阶段论”对以上因素的分析提供了很好的参考意义。该理论认为应当根据违反行为的履行程度不同区别对待合同的效力，因为履行阶段不同，实现法规的目的、当事人之间的信义及公平的必要性也会发生变化。施工合同中，履行时间长、双方投入较大且建筑物具有不可复原性，从履行阶段考虑诸因素并在此基础上衡量合同效力更具有指导价值。最典型的情形是，已经开始履行的施工合同与尚未履行的施工合同，处理方式上必定需要区别对待。已经开始履行的施工合同，如果发现其施工主体欠缺施工资质，此时应当结合对方当事人的意愿，以让施工方承担行政责任为主，辅助使用一些行政措施尽量监督、督促其完成合格的建筑工程，如果明显可知该建筑施工企业不具有这个能力，再认定合同无效。如果建筑工程已经完工，则更是没有必要再将合同认定为无效。此时强制性规定所禁止的合同已经履行，“说明法律的禁止并没有有效阻止该行为。此时只能考虑另外一个问题：坚持合同的无效能否在其他方面促进立法目的的达成。禁令一旦被违反，禁令的无效性后果也就不复存在；即是说，法律在这里没有达到其设定的目的，也无法通过规定无效性来达到这一目的，因此只能考虑适用其他制裁手段。”[①] 而且，即使使该合同有效，也不会导致建筑企业今后就可以无资质施工的后果，“仅仅使已经完成的契约有效，并不意味着对法规目的的否定”，[②] 所以主体欠缺资质但已经开始履行的施工合同，如果不会对国家

---

① ［德］迪特尔·梅迪库斯：《德国民法总论》，邵建东译，法律出版社，2000 年，第 484、485 页。

② ［日］山本敬三编：《民法讲义 I》，解亘译，北京大学出版社，2004 年，第 175 页。

或他人的利益造成重大的威胁，则应尽量使之有效。

当然，对于尚未开始履行的合同，《建筑法》所禁止的欠缺资质施工的行为还没有发生，法律禁止的作用也尚未完全丧失。此时应结合施工企业的实际施工能力、当事人为履行合同所做的准备程度、当事人之间的公平状态，综合考虑宣告合同无效对当事人意思自治的干涉程度、对社会经济资源的浪费及承认合同有效对资质制度造成的冲击等因素以对合同效力做出认定。此时原则上应将合同认定为无效，以保障《建筑法》禁止该类行为目的之实现及其他功能的发挥。

综上所述，将欠缺资质的施工合同一律认定为无效的方式，通过理论及实务中的探究都显示出了其不合理、不适当之处。认定该类合同的效力，应当坚持规范目的指导下的综合衡量，处理上以无效为原则，但通过个案具体衡量法院可以作出其他效力形式的认定。因此，《解释》第 1 条的规定过于绝对，而对第 2 条和第 5 条进行变通条款的理解，应视之为一种示例式而非框架式的规定更为合适，在此之外的诸多情形，法院也可通过衡量灵活处理。

第三节　建设工程“黑白合同”问题及其解决

随着市场经济的蓬勃发展，建设工程领域已成为促进城市发展、就业安置、国民经济快速发展的重要因素，“黑白合同”也应运而生。“黑白合同”的现象在我国建设工程领域由来已久，特别是近几年来，随着房地产的发展，此类现象比比皆是。这一现象的存在是开发商和施工方经济博弈的结果，是市场经济发展过程中建筑市场逐步走向完善的必经之路，其形成具有深刻而复杂的社会背景。[①] 在法律实施中，准确把握建设工程“黑白合同”的含义，准确界定“黑白合同”的法律性质及处理原则，正确理解适用相关法律法规，对稳定建筑市场、保护交易安全具有重要意义。然而，在理论中，研究者甚少，或许认为此种现象就是违法行为，没有重大疑难问题，遂

---

① 刘静：《试论建设工程“黑白合同”的性质及处理原则》，载宋令友主编：《实践中的房地产法律问题》，法律出版社，2007 年，第 43 页。

嗤之以鼻，“黑白合同”作为一种建筑行业普遍存在的现象，应当引起学界的重视。

一、建设工程“黑白合同”的界定及其具体表现

（一）建设工程“黑白合同”的界定

“黑白合同”一词最早见于2003年10月27日发布的《全国人大常委会执法检查组关于检查〈中华人民共和国建筑法〉实施情况的报告》（以下简称《人大报告》），该报告指出：“各地反映，建设单位与投标单位或招标代理机构串通，搞虚假招标，明招暗定，签订‘黑白合同’的问题相当突出。所谓‘黑合同’，就是建设单位在工程招投标过程中，除了公开签订的合同外，又私下与中标单位签订合同，强迫中标单位垫资带资承包、压低工程款等。”[①] 此后，“黑白合同”一词被相关文件一再提及。问题是，此报告对仅“黑合同”作了界定，对何谓“黑白合同”以及“黑白合同”具体表现如何，则语焉不详。[②] 至今，仍没有法律法规对“黑白合同”作出准确的界定。应该说，前述《人大报告》对“黑合同”的描述也存在不少问题，未能真正揭示“黑合同”本质。此处所使用的“黑白合同”仅以其存在两份合同的客观事实而进一步以是否存在备案登记为标准进行区分，它没有揭示合同法意义上的合同必须是双方当事人真实意思表示一致的结果。《人大报告》的描述还仅仅处于对“黑白合同”这一现象的表面认识层次，难以反映作为“黑白合同”这种复杂交易现象组成部分的“黑合同”的真面目。我们不妨以两个案例的分析入手：

【案例一】 北京城建四公司（下称原告）与北京浩鸿房地产开发有限责

---

① 发布单位：全国人大常委会执法检查组、建设部
发布文号：建办市〔2003〕55号
发布日期：2003－11－06
生效日期：2003－11－06
所属类别：政策参考
文件来源：全国人大常委会执法检查组关于检查《中华人民共和国建筑法》实施情况的报告

② 周泽：《建设工程“黑白合同”法律问题研究——兼对最高法院一条司法解释的批评》，载《中国青年政治学院学报》2006年第1期。

任公司（下称被告）建筑工程合同纠纷一案：原告诉称：2000 年 3 月和 8 月，其与被告签订了两份施工合同，工程总价款为 2.3 亿余元，被告存在违约行为，故诉请法院按上述合同予以支持。被告辩称：在合同签订之初，原告曾向被告承诺垫资至地上 8 层楼面才予结算，结算价格让利 7.2%，且对原告指定的分包项目不予收取管理费用。在招标过程中，所有的投标单位均由原告一手组织，以确保其成功中标。为此双方已签订补充协议，明确通过招投标所签订的施工合同仅用于报批备案和办理施工许可证。但对双方当事人并无约束力，双方的结算价格和其他结算条件均以原告的承诺为准。北京市第二中级人民法院经审理后认定，双方所签的补充协议违反了《招标投标法》第 46 条的规定而归于无效，不能以其内容约束双方当事人，被告必须以报批备案的两份施工合同的约定向原告支付工程款。

【案例二】 宁波同三建设有限公司（下称原告）与宁波五洲星集团有限公司（下称被告）建筑工程合同纠纷案：2003 年，原告与被告就被告的办公大楼和车间的建设工程分别签订了两份施工合同。另外，原告与被告还就被告的办公楼、车间、仓库的工程建设签订了一份施工合同。第二份施工合同中的办公楼和车间工程结算价款分别比第一份合同中的相关事项高出 100 万元。而被告的仓库工程实际上是由第三人公司承接，第二份协议同时明确三项工程必须进行招投标，并办理相关文件备案报批手续。此外，原告向被告出具了书面承诺：第二份合同仅供办理备案报批手续使用，并不作实际履行。现原告以备案报批合同为依据，向法院起诉要求被告支付拖欠其办公楼和车间工程的施工工程款。被告反对备案报批合同作为结算依据，认为该合同的作用仅限于备案报批使用，其内容并非当事人真实意思表示。法院应该以体现双方真实意思表示的第一份合同作为判断依据。2005 年 2 月 28 日，宁波市中级人民法院做出判决，仍然以备案合同为工程结算依据，判令被告向原告支付拖欠工程款。

上述两个案例在建设工程领域就是典型的“黑白合同”纠纷，[①] 从原被告双方的诉辩来看，与《人大报告》就相去甚远。实际上，建设工程领域中

---

① 周泽：《建设工程“黑白合同”法律问题研究——兼对最高法院一条司法解释的批评》，载《中国青年政治学院学报》2006 年第 1 期。

所谓的“黑白合同”或者“阴阳合同”，是指建设工程合同的签约方就同一工程签订了两份或两份以上实质性内容相左的协议。通常将经过招投标程序并向政府行政主管部门备案登记的合同称为“白合同”，将其他真正履行的与前述备案登记合同之实质性内容相异的协议称为“黑合同”。[①] 应当说，“黑白合同”现象是我国建设工程领域的特有产物，这种交易行为的存在，目的是为了规避政府部门的监管。准确地说是当事人之间缔结的“白合同”仅用以备案，取得审批之后，通过承诺书、协议书（即所谓的黑合同）等形式明确前一个虚假行为伴生的“白合同”不作实际履行。在理论上，只有体现双方当事人真实意思并为其所遵守的协议才能谓之合同。如前所述，“黑白合同”虽然表现为两份合同，但实质上是一真一假，在双方当事人的认识中，仍然只认定只有一份合同才能体现各自的权利义务关系。换言之，在当事人看来，双方之间其实自始至终都只存在一份合同。所以“黑白合同”并非合同法意义上的两份合同，而是一种交易现象。这种交易现象是双方当事人为了规避国家的法律管制，签署一份虚假意思的合同以作备案登记，私下遵守另一份体现双方真实意思的合同，当产生争议时，交给司法机关应以何者为据的法律问题。

有鉴于此，《人大报告》关于对所谓“黑合同”的定性过于简单且在法理上难以成立。理由如下：其一，报告将“黑合同”的产生归咎于建设单位利用优势地位强迫中标单位垫资带资承包，压低工程款，以此体现其行为具有可非难性。首先，在施工合同的缔结过程中，建设单位并不必然具有优势地位，单项的法人建设单位对建设工程的了解并不必然比施工企业多，又何来优势可言？事实上，大多数的“黑白合同”产生的背景，它并不是谁比谁有优势，而是基于经济条件的博弈，甚至是掺杂了个人利益的需求；其次，“黑合同”中存在与“白合同”内容相异的事项，不限于垫资带资和压低工程款，它可能涉及合同履行的全部实质性事项，例如施工内容、工期、违约责任等等。再次，带资垫资和工程款的调整也可能是双方当事人的真实意思表示，何来非难性可言呢？其二，报告的态度是将“黑合同”认定为违反招

① 刘静：《试论建设工程“黑白合同”的性质及处理原则》，载宋令友主编：《实践中的房地产法律问题》，法律出版社，2007年，第44页。

标投标法、合同法、建筑法的有关规定，因而不能予以支持。首先，“黑合同”的违法性就体现在违反了《招标投标法》，未必与《合同法》和《建筑法》有实质的关联。其次，如果认定“黑合同”因其违法性而无效，那么“白合同”也是属于我国《合同法》第52条所规定的“以合法形式掩盖非法目的”的情形，同样是无效的。

（二）建筑工程“黑白合同”的具体表现形式

由于“黑白合同”并非法律概念，只是一种交易现象，其存在形态往往与建设工程的招投标行为联系密切，因此，就其表现形式而言，我们不妨从建设工程合同与招投标阶段性的角度来分析。

其一，最为常见的存在形态是，“黑合同”签订在中标合同之前。从实际情形来看，由于建设工程标的额巨大且存在诸多不确定因素，加之市场信息的不对称性，使得招标方难以对投标人的经验技术、履约能力以及给招标人带来的风险等作出准确评估。[①] 为了规避招投标带来的施工者选择的不确定风险，招标人会挖空心思地想方设法来控制招投标的结果，确保在招投标程序开始之前，达到理想结果，也即招投标双方已就承包合同的有关内容私下达成一致意见并签署了合同。具体表现为：①在招投标之前与潜在的投标人进行实质性内容谈判，要求对工程取费、付款条件、垫资等作出承诺，双方达成一致后，双方签订书面约定或要求出具承诺书，明确双方在中标后按招投标文件签订的合同不作实际履行，只能按招投标程序启动之前约定的条件签订合同并实际履行；当设定投标条件或固定中标人后，招标人再按照政府部门监管要求举行招投标，签订用于备案的合同。这种情况往往发生于邀请招投标模式中，除前述已定之投标人外，其余受邀投标单位只是为了凑足招标要求的投标人人数，他们的作用仅为陪衬而已。②在公开招投标模式中，招标单位与拟中标单位在招投标程序启动前直接签订建设工程合同，然后为拟中标单位量身定做中标条件，以确保其中标，或由拟中标单位采取某些手段，例如与其他投标人串通之后，分配部分利益，使其他投标者的竞争

---

① 郦煜超：《关系契约论下的建设工程施工合同》，复旦大学2006年硕士学位论文，第33页。

流于形式。串通一些关系单位与招标单位配合进行徒具形式的招投标并签订双方明确不实际履行的合同；或者干脆连招投标形式都不要而直接编造招投标文件和与招投标文件相吻合的合同用以备案登记而不实际履行。这一行为实质是规避建设工程招投标的相关法律法规和政府的监管，属于虚假招投标。①

其二，“黑白合同”同时签订。即双方就招标、投标文件签订一份合同用于备案，而又私下签订一份与备案合同的实质内容有差异的合同用作实际履行，这两份实质内容不同的合同在同一天签订且难以确定先后顺序。

其三，“黑合同”签订在中标合同之后。即双方在经招投标程序签订正式合同后，又私下协商签订一份与原合同不一致的合同。一般是对备案的中标合同进行实质内容的更改，签订实际履行的补充协议。现实中大部分情况是建设单位利用自身的优势地位迫使施工企业接受不合理要求，订立与招投标文件、中标结果实质性内容相背离的协议。

二、建筑工程“黑白合同”的性质

作为建设工程合同领域特有的交易现象，“黑白合同”的性质定位，给理论上提供了一个难题，其中让学者们纠结的是“黑白合同”是否就是合同变更呢？有人认为，建设工程“黑白合同”与《合同法》意义上的狭义合同变更是有实质性区别的。其理由是：首先，变更的目的不同。建设工程“黑白合同”的当事人变更合同是为了规避法律的强制性规定；而狭义的合同变更是合法行为，其目的是变更当事人的权利义务。其次，变更的内容不同。建设工程“黑白合同”的变更是为了在合同中加入垫资、压价及非法分包、转包等法律禁止条款；而狭义的合同变更并没有包含法律及相关文件禁止的内容。最后，变更的方式不同。在建设工程“黑白合同”中含有法律及相关文件禁止的内容，不能通过备案或审批，因此并没有履行相关程序；狭义的合同变更如果法律规定具备备案、登记或审批等法定形式才能生效，则必须

---

① 刘伟、冯丹：《“黑白合同”的法律探讨及效力判断》，载中华全国律师协会民事专业委员会主编：《民事律师实务——前言、务实与责任》，法律出版社，2006年，第38页。

按照规定形式对合同进行变更，才能使变更后的合同具有法律效力。[①]

上述认识值得商榷，其尚停留在表面上，从其理由分析来看，其骨子里依然认为建设工程“黑白合同”依然是广义上的合同变更，只是不同于狭义上的合同变更。建设工程“黑白合同”无论从广义上，还是狭义上讲，根本就不是合同变更。因为建设工程合同领域的“黑白合同”现象与合同变更，只是在形式上有相似之处，即存在两份内容相异的合同。正如前述，建设工程的“黑白合同”是一种交易现象，虽然在形式上存在两份内容相异的协议，但双方当事人的真实本意从来只认可或者说只想履行一份合同，即“黑合同”。至于“白合同”，是双方当事人签订以供备案登记时使用，根本得不到履行。换言之，合同当事人双方内心根本就无变更合同的意思。因此，建设工程“黑白合同”与合同变更具有本质区别，二者根本就是两回事，更别说将建设工程合同与狭义之合同变更相比较。所谓合同变更，有广义与狭义之分。广义的合同变更是指合同的主体和内容发生变化。狭义的合同变更是指合同成立以后，尚未履行或尚未完全履行以前，在当事人不变的情况下合同的内容发生变化的现象。[②] 合同变更只是使合同增加新的内容或改变合同的某些内容。建设工程“黑白合同”并非通过一个合同变更另一个合同，双方当事人签订“白合同”的目的并不是以之确定双方的权利义务关系，作为未来实际履行的基础，而仅作备案登记之用。

“白合同”从根本上说就是一个幌子，非当事人对合同权利义务安排的真实意思表示，其作用仅仅是用来应付国家的管制，除此之外，别无他用。因此，所谓的“黑白合同”，其实际能得以履行的从来就只有一个合同，从当事人的真实意思角度而言，从来就无所谓一黑一白两个合同，因为当事人双方所认定的就只有一个合同。当然，在此种定性之下，当事人真实意思认定到底是同一个合同还是各自认定对自己有利的合同就不无争议了，往往双方各执一词，这也正是建设工程合同领域产生纠纷的真正症结之所在。因为进入建设工程合同的履行阶段，尤其是建设工程款结算阶段，到底以哪个合同为基准，其争执的基础就是当事人都坚持认为相互之间从来就只签订一个

① 秦争：《建筑工程“黑白合同”的法律规制研究》，中国政法大学2006年硕士学位论文，第3页。

② 参见马俊驹、余延满：《民法原论》（第4版），法律出版社，2010年，第593页。

合同，根本就无“黑白合同”一说。

三、建设工程“黑白合同”的成因

既然建设工程“黑白合同”在当事人看来自始至终就只存在一个合同，只是合同双方当事人为逃避国家管制的技术手段，其实质上是一种交易行为。在很大程度上可以说，建设工程领域中“黑白合同”的出现是合同双方经济博弈的结果，也是市场经济发展过程中建筑市场逐步走向完善的必经之路，剖析其形成原因，就可以为规范该种行为提供立法政策的考量路径。

（一）社会原因

根据马克思主义哲学的理论，任何事物的产生都离不开社会的作用，“黑白合同”的产生亦是如此。一方面，随着市场经济的发展，施工企业的数量增多，建筑市场形成了买方市场，僧多粥少，竞争激烈。建设单位往往利用优势地位，要求施工企业签订违反诚实信用原则的霸王合同，施工企业虽明知因此签订的合同条款对自己不公平，但为了揽到工程，只得忍气吞声接受建设单位提出的种种不合理要求，一而再，再而三地签订补充协议，接受不公平的条件。另一方面，由于现在建筑市场并不规范，竞争处于无序状态，类似拖欠工程款、拖欠农民工工资、工程质量纠纷等现象比较严重，因此存在规范和整顿建筑市场的必要。许多地方政府对《招标投标法》未规定必须招标的工程项目也要求实行强制招投标。在这种情形下，建设单位被迫按政府规定对发包工程招标，这种经招投标程序确立的工程标底一般认为是一种“合理低价”。“合理”体现在该标底是评标委员会根据工程具体情况，结合多种因素综合考虑评出来的，它在保障了施工企业最低利润的同时，也保障了建筑行业正常发展。因此，这种“合理低价”在实际操作中仍具有一定的降价空间。建设单位采取种种措施力求节省开支、降低成本，提高经济效益；而建筑市场供过于求的供需关系又决定了许多施工企业愿意在这种“合理低价”之下承接招标建设工程项目。于是，建设单位与施工企业往往就搞“黑白合同”，签订比中标标底确定的“合理低价”的价款更低、工期更短、质量标准更高、违约责任更大的“黑合同”。这就是“黑白合同”产生的最主要的现实原因。当然，有时施工企业反过来会处于优势地位，利用建设单位工期紧等不利情况要求对招投标文件、中标结果进行修改，另行签订“黑合同”。还有些时候，招标人和中标人为了共同的利益，对原合同进行实质性内容的修改，形成了“黑合同”。

（二）法律原因

建设工程施工合同作为我国《合同法》规定的典型合同，毫无疑问要遵守《合同法》的相关规定。但由于建设工程合同本身之特殊性，其成立与只需当事人意思表示一致即可成立的一般民事合同不同，不仅需要当事人达成合意，还存在政府主管部门的监管。依法进行招投标的工程建设项目，招投标双方必须接受政府主管部门的严格监管，并将其结果提交备案，这就是招投标的备案制度。关于这一点，《房屋建筑和市政基础设施工程施工招标投标管理办法》（建设部第89号令）第47条第1款亦有明确规定。可见，通过招投标活动成立的建设工程合同不仅应受《合同法》的调整，还受到《招标投标法》的调整，因而具有民事法律关系与行政法律关系双重性质。当建设工程合同中包含民事法律关系与行政法律关系时，私人利益和政府代表的社会公共利益便会形成一对矛盾。这对矛盾冲突的结果就表现为当事人为追求自身利益的最大化，规避政府主管监管，只得签订“黑白合同”。

四、建设工程“黑白合同”的认定

如前所述，无论“黑合同”在何时签订，其实质都是内容与“白合同”相异。无论现实中的“黑白合同”在签订时间以及其他表现形式及内容呈现多样化，但判断标准主要有以下三个方面：一是两份建设工程合同的标的物是否一致，即看两份合同针对同一工程建设项目是否相同，只有针对同一工程项目存在两份内容不同的合同才可能构成“黑白合同”；二是两份建设工程合同内容是否实质相异，即“黑合同”对“白合同”是否存在实质性的违反或背离，具体为“黑合同”与“白合同”在工程款的结算和支付、工期长短、工程质量、违约责任等方面是否有实质性的差别。如果两份合同的施工项目虽然是相同的，但在是否垫资、工程款的结算与支付、工期、工程质量、违约责任等内容存在差异，则构成实质性变更，可认定这两份合同属于“黑白合同”；如果仅仅是对“白合同”涉及的一些具体细项作出的调整变更则不应作为“黑合同”；三是是否存在部分合同有备案登记，部分没有备案登记的问题。但在实践中，以下问题值得研究。

（一）合同签订时间对“黑白合同”认定的影响

从《招标投标法》的有关规定看，对于“黑合同”与“白合同”这两份合同性质的认定，没有将合同签订时间作为一个标准，只要针对同一工程的两份合同在实质性内容方面不一致，其中有一份是中标合同或者根据中标文件签订的合同，就可以认定为“黑白合同”。《人大报告》描述的情形只涉及在“白合同”缔结以后再签订“黑合同”的情形，对于“黑合同”的缔结时间在“白合同”之前或同时缔结的情形从未讨论。2005年实施的《最高人民法院关于审理建设工程施工合同纠纷案件适用法律问题的解释》（以下简称《解释》）对此作了补充。《解释》第21条明确规定：“当事人就同一建设工程另行订立的建设工程施工合同与经过备案的中标合同实质性内容不一致的，应当以备案的中标合同作为结算工程价款的根据”。显然，《解释》没有对“黑合同”的签订时间作出限制，也没有关注“黑白合同”缔结时间，结果是将认定“黑合同”的时间界限扩展到“白合同”缔结之前。

需要注意的是，《解释》虽明确规定，在“黑白合同”中，以登记备案的中标合同（即“白合同”）作为结算工程价款的依据，但并没有明确“黑白合同”的效力，其处理的只是在此种情况下工程价款结算的依据。至于当事人之间无论是在中标之前还是中标之后签订的、目的在于规避中标合同的“黑合同”，都不影响合同性质的认定。

（二）合同签订时间对“黑白合同”效力的影响

因合同签订时间的不同，“黑白合同”分为前述三种情况。“黑合同”签订的时间是否会对合同效力产生影响？如果答案是肯定的，那又会产生什么影响？这些都是我们在司法实践中考虑较多，但又难以把握的问题。目前，学术界主要存在两种观点：一种观点认为，无论“黑合同”在中标之前签订，还是“黑白合同”同时签订，“黑白合同”均无效。因为根据《招标投标法》第46条的规定可以推断，中标之前，招标人与投标人不得进行实质性内容谈判，招标人与投标人在中标之前签订合同的行为违反了法律的禁止性规定，导致中标无效。自然，根据无效中标签订的“白合同”也就无效了。而签订在前的“黑合同”因违反法律的禁止性规定，当然无效。另一种观点认为，“黑合同”签订的时间点对“白合同”的效力并不产生任何影响，不管“黑合同”什么时候签订，只要中标合法有效，依据中标文件签订的“白合同”也有效，双方可以根据“白合同”的约定行使权利，履行义务。

上述两种观点均有其一定的道理，但又都具有片面性，是生硬僵化地理解和运用法律。鉴于“黑白合同”的复杂性，上述两种观点均不能正确而妥当地处理相关问题。“黑白合同”签订的时间点与“黑白合同”的效力问题是不能一概而论的，应当根据不同的具体情况给予认定。

（三）“黑白合同”与合同依法变更的界限

如前所述，建设工程“黑白合同”与合同变更，在形式上有相似之处，但两者具有本质区别。从合同法的理论讲，合同的变更，是法律赋予合同双方当事人的一项基本权利，是指对合同相关内容进行修改的行为。合同变更权的行使存在于所有的合同履行过程中，中标合同的履行也不例外。因此，如何正确区分合同的变更与规避中标合同的界限，准确认定“黑白合同”，在建设工程施工合同方面就显得尤为重要。

合同变更，分为广义的合同变更和狭义的合同变更。广义的合同变更，包括合同主体的变更和合同内容的变更；狭义的合同变更，则仅指对合同内容的变更。我国《合同法》所规定的合同变更，是狭义上的合同变更，即合同内容的变更，指合同成立以后履行之前或者在合同履行开始之后尚未履行完毕之前，对合同内容的改变。由于履行过程中客观条件变化等因素，当事人协议变更合同既常见也应当被允许，这是契约意思自治原则的体现。一方面，工程建设项目是非常复杂的系统工程，随着工程的展开，建设单位与施工企业之间就工程施工中出现的新问题进行协商达成新的协议非常正常；另一方面，由于招投标程序的复杂性以及备案登记的繁琐，当事人为了得以避免重复招标和重复备案，也往往通过合同变更的途径打擦边球。实务中，相当部分的“黑合同”都是以补充协议的形式来调整的。由此产生的法律问题是，只有对“白合同”何种条款作出何种程度的调整才构成实质性的背离或违反而成为“黑合同”呢？此问题的回答，需要我们在充分理解相关法律法规实质精神的基础上结合案件事实进行具体的分析。

第一，准确界定合同的“实质性内容”。目前，学术通说关于合同“实质性内容”的解释是指影响或者决定当事人基本权利义务的条款。我国《合同法》第 30 条规定：“有关合同标的、数量、质量、价款或者报酬、履行期限、履行地点和方式、违约责任和解决争议方法等的变更，是对要约内容的实质性变更。”在建设工程合同领域，工程价款、工程质量和工程期限三个方面对当事人之间的利益影响甚大，对这三个方面的变更为合同的实质性变更，而一般的合同内容变更或其他条款的修改不称为合同的实质性变更。所谓工程价款是指建设单位和施工企业就完成工程建设按照合同约定所应支付的代价；所谓工程质量，是指建设单位和施工企业对建设工程项目交付的技术标准；所谓工程期限是指建设单位和施工企业约定的完工工程建设至竣工交付验收的时间。当事人经过协商在上述三个方面以外对合同内容进行修改、变更的行为，不会涉及利益的重大调整，不对合同的性质产生影响。

第二，严格把握招投标形成的建设工程合同实质性内容的合法变更。目前，我国对大多数建设工程项目实行强制招投标。特别是针对政府投资项目及对社会有重要影响的公益工程，世界各国普遍采用了招投标方式进行工程的发包、承包。对于经过招投标程序签订的建设工程合同，均应适用《招标投标法》的相关规定。《招标投标法》第 46 条第 1 款明文规定：“招标人和中标人应当自中标通知书发出之日起三十日内，按照招标文件和中标人的投标文件订立书面合同。招标人和中标人不得再行订立背离合同实质性内容的其他协议。”这一条文的立法宗旨一方面在于有效维护社会公共利益和公众安全，防止国有资产流失和政府官员的腐败；另一方面在于保护其他未中标人的合法权益。这一条文虽然规定了不得签订背离合同实质性内容的其他协议，但并不是说，走招投标程序签订的建设工程合同绝对不能做实质性内容的变更。《招标投标法》《解释》及相关法律法规也没有排除和限制《合同法》赋予当事人依法变更合同的权利。

一般说来，合同的依法变更应同时具备以下两个条件：其一，客观情况发生根本性变化，这是合同变更的前提条件。中标合同履行中，客观情况的变化不可避免地导致了合同约定的价款、质量和工期等内容变更，依法行使合同变更权是当事人缔约自由及意思自治原则的体现，是符合相关法律规定的。如果合同成立后的客观情况与招投标时发生了根本性的变化，即招投标时的条件都已不具备，当时所体现的社会公共利益、公众安全和第三者的合法权益也发生了根本性变化，或是设计发生重大变更导致工程量的重大增减，此时如果不允许双方当事人对合同实质性内容作出变更，则不符合《招标投标法》第46条的立法宗旨，势必损害国家、集体、他人的合法权益。故这种前提下可以适用情势变更原则依法对合同内容进行变更。其二，当事人协商一致，这是变更的实质条件。根据合同法的理论，合同变更，应当具有变更合同的基础，通常分为协议变更和法定变更。《合同法》第77条规定“当事人协商一致的可以变更合同”，此即为合意变更合同。因此，只有当具备了上述前提条件的情况下，客观情况允许对合同变更时，经双方当事人协商同意，才可以对合同的实质性内容进行变更，此种变更才符合《招标投标法》第46条的立法宗旨。

所以，经过招投标形成的建设工程合同也可以进行实质性变更，但必须同时具备上述两个条件，缺一不可。也就是说，在中标合同签订后，任何一方当事人都有权依法通过协商变更合同部分条款。如果出现了变更合同的法定事由，经双方协商一致可以变更合同内容，但要使变更后的合同发生法律效力，必须及时就有关合同变更的内容到建设行政主管部门备案。这样，才能从根本上制止不法行为的发生，减少双方纠纷的发生，有利于维护建筑市场公平竞争秩序，也有利于《招标投标法》的贯彻实施。故在司法实践中，既要甄别“黑白合同”和“阴阳合同”，也要注意保护建设工程施工合同双方当事人修改、变更合同的权利。关键是要把握好确认正常的合同变更行为与规避中标行为或实质性违反或背离的界线。至于具体如何量化“合法变更”和“实质性违反或背离”的程度区别，法律没有明确的标准，在这个问题上法官拥有一定的自由裁量权。

五、建设工程“黑白合同”问题的解决

建设工程“黑白合同”虽然是就同一工程项目签订的两份在工程价款和付款方式上存在明显差异的合同，但双方对实际履行中各自的权利义务是有默契的，一般不会产生争议。那么，如果双方对合同履行产生争议，一方以备案的对自己有利的合同主张权利，另一方以未备案的合同主张权利，法院该以哪一份合同为依据来判定当事人的权利义务呢？可见，“黑白合同”的效力问题，正是指在当事人双方就同一合同标的存在“黑白合同”的情况下，如何确定当事人权利义务的合同依据的问题。对于建设工程黑白合同效力认定上，《解释》所持的态度，值得关注和研究，其中也存在不少问题。

（一）对《解释》第21条的评价及其适用中应注意的问题

在《解释》颁布实施之后，对“黑白合同”效力的认定已成定局。前文提及的北京案和宁波案的一审判决，显然也是“‘白合同’有效，‘黑合同’无效”这一思路的结果。这不能不让人感到担心。前文的分析已经明确，“黑白合同”具有不同的情形，其效力不可一概而论。如果根据《解释》第21条简单地将同一项建设工程上的两份合同视为“黑白合同”，一律认定“白合同”有效，“黑合同”无效，是有违“以事实为依据，以法律为准绳”这一法律适用原则的。而且，认真审视《解释》第21条，我们会发现该规定本身存在诸多问题。

首先，最高人民法院认为当事人就一项工程建设另行缔结的建设工程合同与之前经过备案登记的中标合同的实质性内容明显相异时，以备案登记的合同作为结算工程款的依据，此种判定是没有任何法律依据的。既然合同作为当事人私法自治的工具，那么在法律没有规定以备案登记为有效要件时，就不能说备案登记的合同效力比没有登记备案的合同效力要高，两者在法律上的效力并无高低之分，更无优先适用之理。

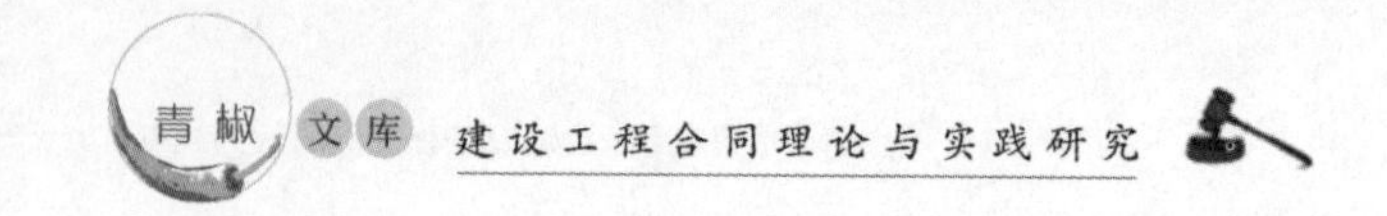

其次，最高人民法院在对待黑白合同法律问题的处理上，采取“一刀切”的方式，认为逢白就有效，逢黑就无效，简单、机械、粗暴。这种处理实际上以程序合法性取代了实质正义。根据最高人民法院民一庭编著的《最高人民法院建设工程施工合同司法解释的理解与适用》[①]（以下简称为《理解与适用》）一书介绍的情况，与中标合同实质内容不一致的“黑合同”有在中标合同签订前签订、与中标合同同时签订、在中标合同签订后签订三种情形。并就三种情形中黑白合同究竟有利于建设单位还是施工企业作出了详细讨论。笔者认为，这种讨论是没有价值的。因为“黑白合同”的存在，更有利于哪一方，必须就具体的案件而言。从逻辑上说，“黑白合同”签订时间的先后与其有利于谁没有必然的因果关系。最高法院的现有做法，真正保护的是备案登记制度的权威性，而非哪一方当事人的合法利益。如在北京案和宁波案中，“黑合同”对于建设单位或施工企业的利益侧重是截然相反的，但法院在处理上是在所不问的，只以合同是否备案登记作为判定合同效力的唯一裁判依据。法院在审判中遇有“黑白合同”情形，首先需要查明到底何者为当事人真正用以设立、变更、终止双方民事权利义务的意思表示，何者仅仅是作为双方实现特定目的的手段的徒具合同形式的文件。法院对当事人的真实意思不予审查，就简单地将以同一工程内容为标的的两份只具有合同外在特征而性质待定的文件区分“黑合同”和“白合同”，并先入为主地决定以所谓的“白合同”作为确定当事人权利义务的依据，显然违背了“以事实为依据，以法律为准绳”这一法律适用原则。从这一角度而言，最高法院的司法解释产生直接效果是简化司法审判程序，降低其审判工作强度，更多的是保护了司法裁判者的利益，而非哪一方当事人的利益，亦非法律所追求的公平正义的终极目标。

再次，在当事人明确备案合同不作实际履行的情况下，法院判决是以备案合同作为结算工程款的依据，客观上造成对背信弃义行为的支持和纵容，也是对当事人合同自由的干涉。在前述北京案和宁波案中，建设单位都证明备案合同的签订及招投标“事实”是当事人为了办理施工许可证而策划的，

---

① 参见黄松有主编：《最高人民法院建设工程合同施工合同司法解释理解与适用》，人民法院出版社，2004年，第76页。

施工单位都向建设单位出具了承诺函，承诺“白合同”不作实际履行合同，但法院仍然判决以“白合同”作为结算工程款的依据，让双方履行“白合同”。而在“黑白合同”存在的情形，无一例外都有一方当事人向对方作出“白合同”不作实际履行的承诺。对法律、行政法规规定必须进行强制招投标的项目，当事人通过“黑白合同”承发包工程因违法且当事人之间多暗藏腐败，双方就“黑白合同”纠纷对簿公堂的可能性不大。因而，建筑工程“黑白合同”纠纷，不断产生于法律、行政法规未规定须进行招投标的项目承发包及地方政府或行政主管部门禁止的垫资带资承包中。在此情形，如“黑合同”为当事人真实意思表示且不违法，当事人并为“白合同”不作实际履行之承诺后，以“白合同”为据主张权利，已经违背了诚实信用原则，而法院又予以支持，判决以“白合同”作为结算工程款的依据，不仅是对背信弃义行为的支持和纵容，也有违我国《合同法》关于“当事人依法享有自愿订立合同的权利，任何单位和个人不得非法干预”“依法成立的合同，对当事人具有法律约束力。当事人应当按照约定履行自己的义务，不得擅自变更或者解除合同。依法成立的合同，受法律保护”等规定，不仅构成对当事人缔约自由的干涉，亦已严重侵害了合同一方当事人的合法权益。

最后，以“白合同”作为双方当事人工程款的结算依据，与《合同法》及《招标投标法》的相关规定冲突。从我国《合同法》的有关规定来分析，《解释》第21条的主张无异于宣布“黑合同”一律无效。如前所述，在强制招投标情形中，“黑白合同”都是无效的；在地方性法规要求强制招投标的情形中，“白合同”是无效的，“黑合同”是有效的。《解释》的主张是一概将无效的“白合同”认定为有效，作为工程款的结算依据，理由无非是“白合同”得到了备案登记。根据《合同法》第52条的规定，合同只有在一方以欺诈、胁迫的手段订立合同，损害国家利益；恶意串通，损害国家、集体或者第三人利益；以合法形式掩盖非法目的；损害社会公共利益；违反法律、行政法规的强制性规定等特定情况下，才归于无效。如果“白合同”存在上述必然无效的情形，它是否还能继续有效而作为结算工程款的依据呢？如果认定“白合同”此时也归于无效，又应当选择以哪一份合同作为结算依据呢？《解释》第21条对这些问题一概不予考虑，仍然以“白合同”作为工程款结算依据，这就造成了适用后果上与《合同法》的规定相冲突。相反，如果“黑合同”并不存在《合同法》第52条所规定的情形，而仅以其未经备案登记就否定其效力，这就与合同法的立法精神相冲突。根据《合同法》第77条的规定，“当事人协商一致，可以变更合同”。招标人在与投标人在签订中标合同后，另行签订的其他协议（无论其实质内容是否与中标合同相背离），如其内容并未违反法律、行政法规的强制性规定，也不应认定无效。从《招标投标法》的角度来分析，《招标投标法》第46条规定，“招标人和中标人应当自中标通知书发出之日起三十日内，按照招标文件和中标人的投标文件订立书面合同。招标人和中标人不得再行订立背离合同实质性内容的其他协议”。可见，建设工程“黑白合同”的法律后果仅是“责令改正”或者处以罚款，而不是导致双方签订的“黑合同”无效。因此，《解释》第21条要求直接以“白合同”作为结算工程款的依据，而否定“黑合同”的效力，不仅违背了《合同法》的规定，且也有违《招标投标法》的规定。

《解释》第21条除了存在的上述逻辑上和法律适用上的问题之外，于实践中而言其实应用价值也不大。虽然诚如《人大报告》所言，在工程建设领域，“黑白合同”的存在是一个突出的现象。但实际情况是，“黑白合同”大行其道，因为只要建设工程合同当事人认为对双方利益无损，就会认同其存在的合理性。正因为如此，有关建筑工程“黑白合同”纠纷的案例才如此少见，这已然成为建筑市场稳定的现有秩序的一部分。随着《解释》的颁布实施，当“黑白合同”以“白合同”为结算工程款依据一般都有利于施工企业的情况下，其第21条关于“当事人就同一建设工程另行订立的建设工程施工合同与经过备案的中标合同实质性内容不一致的，应当以备案的中标合同作为结算工程价款的根据”的规定，将被施工企业合同利用，客观结果就是可能“鼓励”众多的施工企业持“白合同”向建设单位主张工程款，从而在“黑白合同”问题突出的建筑工程领域出现大量的“黑白合同”纠纷，使建筑市场现有的稳定秩序受到破坏。这绝不是任何立法和司法解释所追求的。

基于《解释》第21条存在的诸多问题及其适用可能引发的现实问题，法院在适用该条解释时，理应保持审慎。首先，必须明确，《解释》第21条仅适用于同一建设工程存在两份实质内容不一致且不确定何者为当事人真实意思的情形。合同作为当事人合意的结果，必须是当事人真实意思的体现。如果当事人的意思表示是明确的，且体现当事人真实意思的合同不存在效力上的法律否定，无论该合同是“黑合同”还是“白合同”，当以该合同作为确定当事人双方权利义务的依据，据以结算工程款。其次，应该明确，备案合同必须是真正的中标合同，必须是通过真实的招投标活动由当事人根据招投标文件签订的合同，而不是当事人出于办理施工许可证等目的而签订用以备案并明确约定不作实际履行的合同。否则，就不应适用《解释》第21条。

（二）缺位的博弈角色与错位的司法解释

《解释》第21条目前几乎都是被理解为确立了“‘白合同’有效，‘黑合同’无效”这样一个纠纷处理原则。从《解释》起草者在《理解与适用》[①] 中的说明来看，《解释》也正是要确定这样一个原则。然而，前文的分析表明，这样一个原则是存在严重问题的；从建设工程“黑白合同”存在的情形来看，贯彻这一原则，对工程发包方也是极为不利、极不公平的。《解释》第21条之所以存在严重的问题，并出现对一方极为不利、极不公平的失衡状况，主要原因在于如下几个方面：

首先，最高人民法院调查研究准备工作存在欠缺。“黑白合同”存在哪些情形？都在哪些性质的项目中存在？是在法律、行政法规要求招投标的工程项目中存在，还是在法律、行政法规未要求招投标的工程项目中存在？“黑白合同”在法律、行政法规要求招投标的工程项目中占多大比例？在法律、行政法规未要求招投标的工程项目中又占多少比例？在不同性质的工程项目中“黑白合同”在性质上有无分别？当事人签订“黑白合同”的真实目的是什么？当事人签订“黑白合同”的目的是否存在合理性？对这些具体问题，必须收集众多的个案进行分析，并对这些案例所涉当事人进行深入的调查访问，才可能找到答案。从《理解与适用》对《解释》第21条出台背景的交代来看，对这一规定的认识可以说是并不充分的。《解释》第21条对工程性质不加区分，并不问当事人的真实意思，规定一律以所谓“备案的中标

---

① 参见黄松有主编:《最高人民法院建设工程合同施工合同司法解释理解与适用》，人民法院出版社，2004年，第11页。

合同”作为结算工程款的依据，显然是调查研究不充分的结果。

其次，对有关法律理解存在偏差。《解释》第21条显然是在对《招标投标法》第46条关于“招标人和中标人应当自中标通知书发出之日起三十日内，按照招标文件和中标人的投标文件订立书面合同。招标人和中标人不得再行订立背离合同实质性内容的其他协议”的规定进行解释。但从《招标投标法》的立法精神来看，即使是建设单位与施工企业进行真实招投标的情形，而非双方为办理登记备案手续从而达到规避法律监管等目的编造招投标“事实”或者搞徒具形式的招投标活动，若招标人与投标人未按照招标文件和中标人的投标文件订立书面合同，或者在备案登记合同之外另行订立违背合同实质性内容的其他协议，《招标投标法》规定的法律责任也仅仅是由有关部门责令改正或者处以罚款，法律后果也不是该合同无效，其是否有效还需要根据《合同法》第52条而定。综上所述，对于存在两份实质性内容明显相异的合同时，《解释》第21条简单地以“备案的中标合同”作为结算工程款的依据，根本不考虑当事人的真实意思，是对《招标投标法》第46条的误读或者根本改变。

需要明确的是，建设单位对建设工程进行招投标仅仅为了选择最为合适的合同相对人。在招投标过程中，招标人应该保证实现各投标单位有获得平等竞争的权利，保证条件最优者中标。但中标仅仅是赋予了招投标双方要求对方与自己按照招投标文件订立合同的权利，招标人与投标人之任何一方不得拒绝按照招投标文件与对方签订合同，否则便构成违约而需承担违约责任。至于《招标投标法》第46条关于“招标人和中标人不得再行订立背离合同实质性内容的其他协议”则应理解为招标人与投标人之任何一方不得在中标合同签订后，强求他方与自己签订与中标合同实质内容背离的协议。根据私法自治和契约自由原则，除了特定的人身权利不可抛弃外，包括缔约权在内的其他民事权利都是可以抛弃的。因此，招标投标作为一种缔约方式，中标通知书发出后，投标人或招标人双方完全可以在不损害国家利益、集体利益和他人合法利益的情况下放弃按照招投标文件缔约的权利，不签订合同或者不按照招投标文件签订合同；任何一方也都可以选择承担不履行缔约义务的违约责任而不与对方订立合同，或者双方协商一致互不履行缔约义务而各不承担责任，或者协商一致，在不损害国家利益、集体利益或他人合法利益的情况下，订立与招投标文件不一致的合同。《招标投标法》将“招标人与中标人不按照招标文件和中标人的投标文件订立合同”，或者“招标人、中标人订立背离合同实质性内容的协议”的法律责任规定为“责令改正”，并可以处以罚款，而不是规定所签订的背离中标合同内容的协议无效，不仅体现了对当事人私权自治和缔约自由的尊重，也体现了国家维护招投标活动严肃性的立场。

《解释》起草参与人、最高人民法院法官冯晓光在接受《法制日报》采访时曾这样指出：“‘黑白合同’的本质不是损害了合同相对人的利益，而是损害其他投标人的利益，破坏了正常的市场竞争秩序，进而加剧了建筑市场的不规范行为，使《招标投标法》归于无用。”如果把上述观点看成是《解释》第21条规定得以形成的背后理由的话，本书认为该理由根本不能令人信服，在法理上也不能成立。根据合同的相对性原则，在中标结果确定后，建设单位与中标人之间就合同内容的安排，是内部问题，很难说对其他投标人的利益会产生影响。决出中标人后，各投标人之间的竞争即告结束，之后合同签订的细节问题，完全与竞争无关，谈不上破坏市场竞争秩序。至于说中标人与招标人之间的“黑白合同”是建立在双方恶意串通、破坏公平竞争、损害了其他投标人利益的基础上，那就更不能以“白合同”作为结算工程款的依据，因为此时不管是“白合同”还是“黑合同”均已归于无效。综上所述，最高法院支持以备案登记的合同作为工程款结算依据，认为这是严格执行《招标投标法》，目的是维护国家经济秩序，反对不正当竞争，说白了就是一个幌子，真正目的是方便法院的审判工作，降低审判难度，而非维护经济秩序或其他投标人的利益。

（三）博弈角色缺位与《解释》出台

从《理解与适用》介绍的情况来看，对“黑白合同”高度关注的是工程建设施工企业，积极参与博弈，充分发挥角色博弈的特长，在《解释》的起草过程中，工程建设施工企业以各种形式不断地提出修改意见和建议，特别是“黑白合同”效力解释条款。[①] 遗憾的是，作为制定博弈中另一方角色的建设单位，却很少针对司法解释条款提出意见和建议。按理说，该项司法解释的出台，应该是工程建设施工企业与建设单位利益博弈的结果，然而建设单位却始终缺位。因此，最终出台的《解释》第21条明显有利于工程建设施工企业而不利于建设单位，也就容易理解了。

（四）《解释》存在越位与错位

最高人民法院《解释》第21条的制定初衷和基本任务是贯彻执行《人大报告》中提出的“从查处‘黑白合同’入手规范和监督建设单位行为”的建议，最终加以落实，从而有效整顿工程建设领域的市场秩序。无论是从《人大报告》与《解释》在时间上的前后关系，还是从最高法院解释起草者所著的《理解与适用》的背景来看，都有所交代。然而结果是，最高人民法院的司法解释从根本上改变了《人大报告》的本意。

从《人民法院组织法》来看，法院的职能是严格适用现行法律，而不是去执行政府的政策或者立法机关的某个尚未立法的建议，更不是立法。然而，最高法院关于《解释》21条的立法基调是，“（建设工程领域）出现了建筑工程质量不高、建筑市场行为不规范、建筑投资不足等问题，特别是投资不足的问题，造成大量拖欠工程款和农民工工资的现象，已经严重侵害了建筑企业和进城务工人员的合法权益，远远超出经济问题和法律问题的层面，演变成一个社会问题，引起了党和国家领导人的高度重视，为此国家已经采取了专项措施处理”，以“配合国家关于清理工程欠款和农民工工资等专项措施的实施”。[②] 最高法院《解释》之出台，表现出角色定位的越位与错位。依法理，有效地打击工程建设合同领域腐败，规范工程建设合同市场，保证工程质量，是立法者政的任务；最高人民法院的任务是将既有的法律准确适用于个案裁判，否则就越位了。从目前工程建设市场的实际情况来看，这一项条款很难完成打击腐败的任务。可见，最高人民法院试图通过司

---

① 黄松有主编：《最高人民法院建设工程合同施工合同司法解释理解与适用》，人民法院出版社，2004年，第3页。

② 参见黄松有主编：《最高人民法院建设工程合同施工合同司法解释理解与适用》，人民法院出版社，2004年，第4页。

法解释来彻底解决建筑市场腐败问题。法院如果适用《解释》第 21 条，判决以“白合同”为结算工程款依据，无异是对地方政府和行政主管部门行政权力不当扩张的纵容，最终必然破坏合同自由这个最基本的市场经济法则，从而导致建设单位私法自治和契约自由的全面丧失。从结果上看，最高人民法院出台《解释》第 21 条只能说是“头痛医脚”，结果必然是“头痛”治不好，反倒把“脚”治出了毛病，没有从根本上解决问题。

（五）建设工程“黑白合同”的解决思路

建筑工程合同作为《合同法》上的典型合同，适用《合同法》的规定是自不待言的。因此，对于“黑白合同”的效力，即是以“黑合同”还是以“白合同”作为结算工程款的依据，必须根据《合同法》的具体规定进行判断。而根据《合同法》的规定，对一个合同的效力，应从当事人的真实意思表示及该合同是否存在效力上的法律否定（即是否属于《合同法》规定的合同无效的情形）来判定。在“黑白合同”实质内容相异的情形下，只有一份合同是当事人真实意思的反映，该合同才可能作为确定当事人权利义务的依据。因此，在“黑白合同”效力的认定上，首要的是应判断何为当事人的真实意思，然后再看反映当事人真实意思的合同是否存在效力上的法律障碍，如无效力上的法律否定，便应认定为有效合同，并据以判定双方的权利义务，而不论其是“黑”是“白”。

从“黑白合同”的产生渊源来看，当事人签订的“白合同”，无一例外都是为了办理备案登记以获得合法开工许可手续，而不是为了将来双方实际履行的都只是“黑合同”。为此，双方往往通过其他形式的意思表示，比如补充协议、承诺书等，来明确“黑合同”与“白合同”的实际效力。这里有两种情况：第一种情况是，对于按照《招标投标法》必须进行强制招投标的工程建设项目，建设单位未进行招投标而直接与施工单位签订建设施工合同（即“黑合同”），将工程发包给施工单位施工。但为了备案登记以获得合法开工手续，而进行了徒具形式的招投标活动并签订了“白合同”或者连徒具形式的招投标活动都没有搞而直接签订了“白合同”，并编造了与之相应的招投标文件供备案登记使用。在此种情况下，经常伴有腐败行为发生，双方未通过招投标而签订“黑合同”属于“违反法律、行政法规的强制性规定”的行为，“黑合同”因此而无效，而双方所签“白合同”则是“以合法形式掩盖非法目的”，同样属于无效合同。在此情况下，不仅应认定“黑合同”与“白合同”无效，对通过“黑白合同”发包工程的责任人追究法律责任，还应该根据情形追究其他法律责任；第二种情况是，依法不属于必须强制招投标的工程建设项目，由于某些地方政府或者具体行政主管部门要求进行招投标，建设单位未进行招投标而直接与施工单位签订建设施工合同。但为了办理备案登记以获得合法开工手续，而进行徒具形式的招投标活动，或者编造招投标“事实”并签订与编造的招投标“事实”相一致的“白合同”以供备案登记使用。在此情况下，依据地方政府的规章判断没有经过招投标程序的合同无效，与现行《合同法》的司法解释相违背。因为认定合同无效不能依据地方性法规或规章，只能依据全国人大及其常委会颁布的法律和国务院所颁布的行政法规。所以，在此情况下“白合同”是没有法律意义的，只能依据双方当事人的真实意思来确定合同的效力。显然，合同各方均清楚该“白合同”仅用于办理备案登记手续而不作实际履行，只有当事人双方签订的“黑合同”才是双方之真实意思表示，只要其不存在着其他法律规定的无效情形，如“黑合同”不存在“一方以欺诈、胁迫的手段订立合同，损害国家利益”“恶意串通，损害国家、集体或者第三人利益”“以合法形式掩盖非法目的”“损害社会公共利益”等合同法规定的合同无效情形，则应认定有效，并据以确定双方的权利义务。戏言之，此处的“黑合同”已经“漂白”了。

综上所述，在建设工程合同“黑白合同”的选择上，体现的是程序正义与实质正义的博弈。最高人民法院司法解释认可“白合同”作为结算依据的做法，实质上是对招投标程序形式的维护，但它明显地违背了合同双方当事人的真实意思，同时也有将错就错之嫌。在此问题的解决上，既要考虑到对招投标程序的正义维护；同时还要考虑到对当事人真实意思和合同内容的维护。而选择以“黑合同”为准，有利于尊重当事人的真实意思，更是对《合同法》上效力判断规则的坚决贯彻。但在此基础上，应当加重对“黑合同”当事人的行政处罚力度，从而实现对招投标程序严肃性的维护。在这一点上，本书建议本着“谁错罚谁，无错不罚”的行政处罚原则，对于以其商业地位或商业优势迫使对方与其签订“黑合同”的，加重经济上的处罚力度，处罚的数额应与备案登记的标的额挂钩，规定一定的比例；对于承包方，如果其参与签订“黑白合同”的次数达一定数量时，例如3次或5次，可以规定降低或取缔其资质；另外，不妨在行政处罚制度上，对于签订“黑白合同”双方当事人的法定代表人个人可以处以一定数额的罚款。

第四节　无效建设工程合同的私法上处理

建设工程合同无效的后果是指其因违反法律和行政法规中的强制性规范被公法或者私法施以否定性评价后所应受到的制裁。但是本书所要研究的后果，主要是私法上的后果。此种私法上的后果，是纯粹从私法效果本身的考虑，对于违法强制性规范后果的一种考量和设计。因为强制性规范的强制目的体现在私法上，只能通过私法的手段来实现。[①]

一、无效建设工程合同的私法上处理之法律依据与一般规则

关于建设工程合同无效私法上处理的法律依据，我国《合同法分则》第十六章“建设工程合同”部分没有作出相关规定，依据该部分第287条的规定：“本章没有规定的，适用承揽合同的有关规定。”本条是援用性规范，而查第十五章“承揽合同”部分，亦未见无效之处理规定。按照法律适用的原则，没有特别规定，适用一般性规定。因此，建设工程合同无效之全部私法上处理的法律依据只能从合同法总则的规定来分析。根据《合同法》第58条的规定：“合同无效或者被撤销后，因该合同取得的财产，应当予以返还；不能返还或者没有必要返还的，应当折价补偿。有过错的一方应当赔偿对方因此所受到的损失，双方都有过错的，应当各自承担相应的责任。”该条成为

① ［德］康德拉·茨威格特、海因·克茨著，孙宪忠译：《违背法律和善良风俗的法律行为后果比较》，载《环球法律评论》，2003年冬季号，第468－473页。

建设工程合同无效处理的主要法律依据。从立法本意来看，其并不区分导致无效的原因。是否因为违反法律和公序良俗原则而无效，以及在违反时是否对违法知情，均在所不问。分析该条，不难看出，建设工程合同无效之后，并非不会产生任何法律后果。建设工程合同归于无效，只是意味着建设工程合同丧失了对当事人的法律约束力，建设工程合同当事人所为的意思表示不为法律所承认，不能产生当事人预期的法律效果。基于无效建设工程合同的违法性或当事人的过错性，当事人也要承担一定的法律后果。从各国及地区有关民事立法及有关国际条约的规定来看，建设工程合同无效的法律后果主要有：除法律另有规定者外，建设工程合同溯及自始归于无效；返还财产；赔偿损失。

（一）溯及既往的效力

从各国及地区的民事立法及国际条约的规定来看，原则上，无效建设工程合同自始无效。我国《民法通则》第58、59条规定："无效的民事行为，从行为开始起就没有法律约束力。""被撤销的民事行为从行为开始起无效。"《合同法》第56条亦规定："无效的合同或者被撤销的合同自始没有法律约束力。"

（二）返还财产

一般情形下，建设工程合同被确认无效以后，因该建设工程合同取得的财产，应当予以返还。返还财产，旨在恢复到无效建设工程合同成立之前的状态，借以消除无效的建设工程合同所造成的不应有的后果。

那么，返还财产的根据或性质是什么呢？学者们对此理论认识不一，归纳起来主要有以下几种观点：①返还财产属于债权性质的不当得利请求权。因为建设工程合同被确认无效或被撤销后，当事人之间便不存在合同关系。他方从对方取得的财产便因缺乏合法根据而成为不当得利；②返还财产属于物权性质的物上请求权。因为财产的移转须有合法原因及合法方式，按照无效合同所取得的财产，因其缺乏合法的原因和方式，自然不能发生所有权转移，因此将其返还给原所有人；[1] ③返还财产虽然从性质上看主要是物权性质的物上请求权，但并不排斥根据不当得利返还；[2] ④返还财产为承担缔约上过失责任。[3]

应该注意的是，返还财产的性质与是否采用物权行为理论直接关联。在采用物权行为理论的国家或地区，由于承认物权行为的独立性和无因性，物权的变动并不因其作为基础行为的债权行为被确认无效或被撤销而受影响，因而返还财产的性质只能是基于不当得利返还请求权；在拒绝采用物权行为理论的国家或地区，物权的变动是债权行为的结果，债权行为无效，物权的变动因失去了其存在的依据当然亦随之无效，因而返还财产的性质是基于物上请求权。我国物权立法并没有采纳物权行为理论，因而返还财产的性质为物上请求权。当然，如果请求返还的财产为相对人处分应返还财产的所得，其性质则为不当得利返还请求权。

返还财产可分为单方返还和双方返还。双方互有给付的，各自向对方负返还义务；仅一方给付的，他方负返还义务。但在违反国家利益和社会公共利益的情况下，如果只有一方是故意的，故意的一方应将从对方取得的财产返还对方，非故意的一方已经从对方取得或约定取得的财产，应收归国库所有。

返还财产的范围，以全部返还为原则。对方所给付的财产，无论返还时是否存在，原则上返还义务人必须按原数或原价返还。如果原物存在应以原物返还，否则应作价偿还；如果原物有损坏，应予修复后返还，或付给相当的补偿；如果对方给付的是金钱，则除了返还本金外，还应按银行利率支付利息；如果对方给付的是劳务、无形财产或者其他不能返还的利益，则应折算为一定的金钱，予以偿还。

（三）赔偿损失

由于建设工程合同被确认无效的原因发生于建设工程合同缔结之时，即

---

① 参见王家福主编：《中国民法学·民法债权》，法律出版社，1991 年，第 334 页。

② 参见王利明、崔建远：《合同法新论·总则》，中国政法大学出版社，1996 年，第 309－310 页。

③ 参见曾宪义主编：《攻读法律硕士专业学位研究生参考书》（下），法律出版社，1996 年，第 374－375 页。

建设工程合同被确认无效可以说是违反了基于诚信原则而产生的先合同义务的结果，因而建设工程合同被确认无效后所产生的赔偿损失责任，在性质上为缔约上过失责任。此外，由于合同中有关解决争议方法的条款，具有相对独立性，其效力不受合同无效而受影响。我国《合同法》第57条规定："合同无效、被撤销或者终止的，不影响合同中独立存在的有关解决争议方法的条款的效力。"当然，解决争议方法的条款并非都是有效的，解决争议方法的条款也存在无效的情况，如违反我国民事诉讼法规定的级别管辖的条款。

二、无效建设工程合同的特殊处理规则

受法律、行政法规的介入调整，建设工程合同会因违反当中的强制性规范而被认定无效。根据《最高人民法院关于审理建设工程施工合同纠纷案件适用法律问题的解释》（以下简称《解释》）第1条和第4条之规定，建设工程合同因欠缺或超越资质、借用资质、未招标或中标无效、非法转包以及违法分包五种情形而成为无效合同，再加上民法通则、合同法、建筑法等中的无效事由，导致产生了大量关于合同效力的争议，有相当数量的建设工程合同因此被认定无效。然而，认定建设工程合同无效仅解决效力问题的一半，建设工程合同当事人更关心的是合同被认定无效后所产生的法律后果。因为建设工程合同一旦被认定无效，将直接影响当事人的合同预期及最终责任承担，特别是在工程造价确定、工期索赔、质量索赔、欠款利息计算、违法所得处理、行政责任承担等方面会对当事人造成重大影响。有鉴于此，最高法院的《解释》第3条、第4条从目的论、解释论的角度出发，阐明了民法通则、合同法、招标投标法的有关规定；从法律效果上来看，尽可能缩小了建设工程合同无效的范围，规定了部分建设工程合同虽然无效但按有效来处理的原则。这种规定显然值得进一步研究。为了完善我国民事立法，指导司法实践，本书试图结合《解释》的若干规定分析建设工程合同无效的处理问题加以探讨。

由于工程建设呈现出明显的阶段性，同时也为了充分发挥建设工程合同标的物的效用。对于如下情形，应当分别慎重处理。①对于尚未履行就被确

认无效的，双方当事人均不得再继续履行。此时只能按照缔约过失来处理，由过错方赔偿过错方遭受的损失；双方均有过错的，依照过错大小承担相应责任。当然损害事实的举证责任在受损方，如果受损方对其损失举证不能，其要求过错方承担赔偿责任的请求法院不能支持。而过错方除了承担自己的损失外，还要承担因缔约过失给无过错方造成的实际损失。②已开始履行但尚未履行完毕被确认无效的，不能按无效合同的一般处理规则来处理（即简单地要求恢复原状或双方返还），而应区分不同情况。其一，对于已完成部分工程但质量低劣且无法补救的或者所建工程在特定区域内对其他工程构成威胁的，应按照无效合同的一般处理规则来处理，已经完成的部分工程应拆除，建设单位支付的工程款应当予以返还。其二，对于工程质量完全合格且未违反国家和地方政府的计划，则已完成的建设工程归建设单位所有，承包方所付出的劳动由建设单位予以折价补偿，折价时应该按照合同约定的工程价款比例折价。最高院《解释》第 10 条第 1 款规定即是此种态度："建设工程合同解除后，已经完成的建设工程质量合格的，发包人应当按照约定支付相应的工程价款。"该解释的规定正是为了避免教条，减少不必要的损失和浪费。其三是赔偿损失，对于因建设单位过错导致合同无效的，建设单位理应自行负担己方的损失，同时还应该赔偿承包方所支付的人工费、材料费等实际支出的必要费用；对于承包方存在过错的，承包方理应自行负担己方的损失，同时要赔偿建设单位材料费等实际支出的必要费用。对于双方都有过错的，按过错大小承担相应赔偿责任。③已履行完毕后被确认无效的，应当按照最高人民法院《解释》第 2 条和第 3 条的规定处理。其一，对于建设工程经竣工验收合格的，建设单位应该参照合同约定支付承包方工程价款。但仍应追究双方其他相应的法律责任。第二，建设工程合同已经履行完毕后，建设工程经竣工验收不合格的，要分两种情况给予不同处理：一是维修后建设工程经竣工验收合格的，建设单位仍应依据合同约定支付承包方工程款，但承包方应承担相应的维修义务，要么自己维修，要么负担建设单位的维修费。二是维修后建设工程经竣工验收依旧不合格的，建设单位无需再行支付承包方工程款，对此损失由承包方自行负担。同时按照双方的过错及过错大小对其他损失承担相应的赔偿责任。这里的其他损失包括签订、履行合同和合同被确认无效后的后续费用，譬如拆除质量不合格的建筑物的费用、工程延期费用、材料费等。

最高人民法院从保障工程质量出发，对于无效建设工程合同的处理规则，是值得肯定的和可取的，在很大程度上具有可操作性。[①] 其充分考虑到了建设工程合同的履行内容不能适用返还的方式使合同恢复到合同缔结前的状态，而只能以折价补偿的方式处理，灵活运用解释论来解决无效建设工程合同的处理问题，有利于充分发挥物之效用，避免浪费社会资源，切实做到了公平地保护建设工程合同各方当事人的合法权益。然而，《解释》第 2 条的特殊处理规则仅仅适用于"经竣工验收合格的建设工程"，未免失之过窄。该条所谓的"工程经竣工验收合格"是指综合验收合格。按照国家规定，一个工程大体上有两次法定验收：一次是完成结构，也就是框架，通过验收证明框架是安全的，才能够续建，这是中间验收；第二次验收是工程全部完成具备交付使用条件时的验收，叫竣工验收，也就是一般讲的行业验收。该条把部分工程质量合格但未竣工的合同排除在外，有失妥当。建设工程合同的履约实际上是劳动和建筑材料等不间断地物化于建筑产品的过程，很多建设工程质量是完全合格的，但仅仅因为其未竣工，就不容许参照合同约定来结算工程价款，对承包方是明显不公平的，《解释》客观上忽视了这一部分承包方的利益，过于偏颇；且质量合格的建设工程，待无效情形消失之后，是可以在此基础上重新开始履行的，于社会公共利益并无损害，应当支持工程价款支付请求，方为合理。

三、无效建设工程合同与时效

由于无效建设工程合同是违反法律、行政法规的强制性规定和社会公共利益的结果，法律规定其为无效的原因主要是从国家利益或社会公共利益出

---

① 《解释》第 2 条规定使用的无效合同仅指合同标的物为质量合格的建设工程，不包括质量不合格的建设工程。建设工程合格，包括两方面的意思：一是建设工程经竣工验收合格；二是建设工程经竣工验收不合格，但是经过承包人修复后，验收合格。总之，只要建设工程经过验收合格，即使确认合同无效，也可以按照合同约定结算工程款。（参见最高人民法院研究室编：《合同法司法解释理解与适用》，法律出版社，2009 年，第 272 页。）

发，因而，除法律另有规定者外，无效建设工程合同是当然、自始、确定、绝对无效的。无效建设工程合同因其自身的特性，决定了其不可能因经过一定时间而变为有效。法院或仲裁机关依职权主动确认其无效，或者当事人请求确认其无效，不受时效的限制。然而，无效建设工程合同只是因为其欠缺法定有效要件，不受法律保护，法律没有赋予其法律效力，即当事人的意思表示不为法律所承认，不能产生当事人预期的法律效果，但这决不等于无效建设工程合同没有任何法律后果。基于无效建设工程合同的违法性或当事人的过错性，当事人也要承担一定的法律后果。[①] 我国《民法通则》第 61 条就规定："民事行为被确认无效或者被撤销后，当事人因该行为取得的财产，应当返还给受损失的一方。有过错的一方应当赔偿对方因此所受到的损失，双方都有过错的，应当各自承担相应的责任。双方恶意串通，实施民事行为损害国家的、集体的或者第三人利益的，应当追缴双方取得的财产，收归国家、集体所有或者返还第三人。"

那么，基于无效建设工程合同所产生的法律后果——返还财产、赔偿损失是否应受诉讼时效限制？理论与实践对此认识不一。应该指出，这与无效建设工程合同的无效性是否要受诉讼时效的限制，显然是两个问题。我们说无效建设工程合同的无效性不受诉讼时效限制，但这决不意味着无效建设工程合同产生的法律后果亦不受诉讼时效的限制。关于这一点，《俄罗斯联邦民法典》的规定就更为明确，该法典第 181 条第 1 款规定："关于适用原始无效法律行为无效后果的诉讼可以在法律行为开始履行之日起 10 年内提出。"至于无效建设工程合同所产生的法律后果是受诉讼时效还是受取得时

① 我国有的学者认为："法律对无效合同的规定，在一定程度上也体现了合同法律效力，应视为是合同效力的延伸和加强。"（苏惠祥主编：《中国当代合同法论》，吉林大学出版社，1992 年，第 101 页。）本书认为，对无效合同的规定，是法律强制力的体现，是法律对已成立的合同所作的否定评价，而不是合同效力的体现，更不是合同效力的延伸和加强，尽管它与合同有关。

效的限制，这取决于这些法律后果的性质。[1] 对于返还财产的处理，不应受诉讼时效限制，而受取得时效限制；对于赔偿损失的处理，当可适用诉讼时效限制。

① 关于无效确认请求权是否应受诉讼时效限制，因《法国民法典》规定一切诉权经30年而消灭，因而其理论与实践均认为无效确认请求权应受时效限制。我国学者对此认识不一。虽大多数学者持否定态度，然亦有学者持不同观点，如有的认为其应受诉讼时效限制。（参见屈茂辉：《论消灭时效的若干问题》，载王利明等主编：《中国民法典基本问题研究》，人民法院出版社，2004年，第242页；庞小菊：《无效合同的诉讼时效问题刍议》，载《广西政法管理干部学院学报》2002年第3期。）此外，对于损害第三人利益的合同，有学者主张第三人享有的无效确认请求权应受除斥期间限制。（参见王利明：《关于无效合同确认的若干问题》，载《民商法学》2003年第3期；李丛：《浅论合同无效与时效体系的完善》，载《当代法学》2003年第12期。）

第三章

建设工程合同的履行

建设工程合同成立以后，对于发包人来说是为了得到合格的，且必须是符合规划设计要求的建筑产品；而对于承包人来说是为了取得预期收益及树立良好的社会形象。为了实现双方各自的目的，就必须严格地按照合同约定履行各自的义务，履行义务的过程就是实现双方各自目的的过程，就是建设工程合同实施的过程，这履行义务及实施的过程就是建设工程合同的履行，归根结底就是三件事：工期、质量和价款。然而，此三件事看似简单，实际运作过程中的法律关系就错综复杂，围绕着建设工程合同的分包、转包、情势变更及履约保证问题往往纷争不止，莫衷一是。

第一节　建设工程的转包与分包

所谓建设工程转包，是指总承包人或勘察、设计、施工承包人将其承包的工程建设任务，全部或者部分转让给第三人；所谓建设工程合同的分包，是指总承包人或勘察、设计、施工承包人与第三人签订合同，将其承包的工程建设任务的一部分交由第三人完成。[①]

建设工程项目中标人将其承包的中标项目倒手转让给他人，使他人实际

① 参见马俊驹、余延满：《民法原论》，法律出版社，2010年，第695页。

上成为该中标项目的新的承包人的行为。建设工程的分包，是指对中标项目实行总承包的单位，将其总承包的中标项目的某一部分或某几部分，再发包给其他的承包单位，与其签订总承包合同项下的分包合同，此时中标人就成为分包合同的发包人。建设工程合同履行过程中，总承包人或者勘察、设计、施工承包人能否将其承包的工程项目分包或转包呢？

一、关于建设工程转包行为的分析

（一）招投标制度上转包之禁止

招标投标实质上是一种特殊的合同缔结方式。招标人通过招标投标活动选择了适合自己需要的中标人并与之订立合同，是经过全面考量，慎重抉择的。因此中标人应当全面履行合同约定的义务，完成中标项目，不得将合同转包给他人。我国《招标投标法》第 48 条第 1 款规定，中标人要按照合同约定完成中标项目，不得将中标项目转包给他人。[①] 建设工程合同是法律强制要求招投标的，是一律禁止转包的。

（二）禁止转包之原因是转包行为有损工程建设质量

转包实际上是中标人将其承包的中标项目倒手转让给他人，使他人成为该中标项目的新的承包人的行为，很难说可以保证工程质量。

从实践中看，转包行为危害性显而易见。部分中标人签订建设工程合同的目的并非在通过自身实际履行而获取工程款，往往是将中标项目高价或稍微压价倒手转让给第三人，轻而易举谋取到不正当利益，不劳而获。从工程建设领域来看，中标人转让中标项目，形成“层层转包、层层扒皮”的现象，最后实际用于工程建设的费用大为减少，导致严重偷工减料；更有甚者，建设工程转包后，实际履行建设工程合同的是不具备相应资质条件的施

---

① 《招标投标法》第 48 条规定：“中标人应当按照合同约定履行义务，完成中标项目。中标人不得向他人转让中标项目，也不得将中标项目肢解后分别向他人转让。中标人按照合同约定或者经招标人同意，可以将中标项目的部分非主体、非关键性工作分包给他人完成。接受分包的人应当具备相应的资格条件，并不得再次分包。中标人应当就分包项目向招标人负责，接受分包的人就分包项目承担连带责任。”

工企业，严重工程质量隐患无处不在，甚至造成重大工程质量事故。中标人擅自将其承包的中标项目转包，也违反了合同法律的规定，严重损害了建设工程合同关系和工程建设市场应有的稳定性和严肃性。

转包行为本质上属于合同主体变更的行为，中标项目转包后，中标人由原施工企业变更为接受转包的新的施工企业，原施工企业彻底退出建设工程合同法律关系，不再对合同履行出现的问题承担任何法律责任。轻言之，依据《合同法》的基本精神，合同一经依法成立即具有法律约束力，任何一方不得擅自变更合同。重言之，建设工程合同是经过严格招投标程序才缔结的，施工企业是招标人择优选定的，并经行政主管机关备案登记。中标人私自将中标项目转让给第三人，是擅自变更合同主体的行为，必然严重损害招标人的利益，同时获得行政主管机关的重新备案登记的可能性微乎其微。

（三）一律禁止转包是否合理

工程建设项目是否就一律禁止转包呢？虽然从《招标投标法》《合同法》《建筑法》的规定来看似乎是一律禁止的，比如《合同法》第 272 条之规定以及《建筑法》第 28 条规定，[①] 结合《招标投标法》第 48 条，基本上都严格禁止工程建设项目的转包。但这个问题不能搞“一刀切”，毕竟建设工程合同关系依然是私法关系，还应当尊重建设单位与施工企业意愿，保留其一定的私法自治空间。在特定情况之下，当允许例外，才为合理。若符合下列条件，不妨允许中标人将工程建设项目转包给第三人，并重新办理备案登记手续：其一，经发包人同意；其二，第三人（受转包人）应为具备相应资质条件的单位；其三，承受合同的施工企业明确承诺不再将其承包的建设工程肢解以后以分包的名义分别转包第三人。

二、关于建设工程分包行为的分析

根据《招标投标法》《合同法》制度，中标人基于合同约定产生的义务，

① 参见《合同法》第 272 条第 1 款规定：“承包人不得将其承包的全部工程转包给第三人或者将其承包的全部工程以分包的名义分别转包给第三人。”《建筑法》第 28 条规定：“禁止承包单位将其承包的全部建筑工程转包给他人，禁止承包单位将其承包的全部工程肢解以后以分包的名义分别转包给他人。”

除非其明显丧失履约能力或出于招标人利益，否则都应当亲自完成。但是建设工程的复杂性非一般合同所能比拟，譬如对于大中型或者结构复杂的工程建设项目来说，实行总承包与分包相结合的方式，允许中标人在遵守特定条件的基础上，将自己总承包工程项目中的部分非主体、非关键性工作项目分包给其他承包人，以扬长避短，充分发挥各自的技术优势，可能更有利于提高工作效率、降低工程造价、保证工程质量以及缩短工期，于建设单位而言，非但无损其利益，反而对其更为有利。故《招标投标法》第48条第2款、《合同法》第272条第2款、第3款和《建筑法》第29条之规定对此持肯定态度，[①] 即对于工程建设项目的分包，法律原则上是允许的。

只是为了避免建设单位的利益遭受损害，中标人将工程分包给第三人时，应当符合下列条件：①经发包人同意。这是为防止中标人将应当由自己完成的工程建设擅自分包出去，或者将工程建设分包给中标人所不信任的承包单位。对于其分包的工程必须由中标合同约定可以分包的工程；合同中没有约定的，则必须经发包人认可。发包人同意的意见表示，既可以在订立合同时为之（即在合同中约定），也可以在承包人发包时表示。此外，发包人事后追认的，与发包人同意具有同一效力。②承包人只能将自己承包的工作交由第三人完成。但承包人只能将自己承包工程工作的一部分分包给他人，而不能将承包的全部工程任务都交给第三人完成。这是为了防止某些中标人在取得工程项目以后，擅自以分包的名义倒手转让，损害招标人的利益，破

① 参见《招标投标法》第48条第2款规定："中标人按照合同约定或者经招标人同意，可以将中标项目的部分非主体、非关键性工作分包给他人完成。接受分包的人应当具备相应的资格条件，并不得再次分包。"《合同法》第272条第2款规定："发包人可以与总承包人订立建设工程合同，也可以分别与勘察人、设计人、施工人订立勘察、设计、施工承包合同。发包人不得将应当由一个承包人完成的建设工程肢解成若干部分发包给几个承包人。总承包人或者勘察、设计、施工承包人经发包人同意，可以将自己承包的部分工作交由第三人完成。第三人就其完成的工作成果与总承包人或者勘察、设计、施工承包人向发包人承担连带责任。承包人不得将其承包的全部建设工程转包给第三人或者将其承包的全部建设工程肢解以后以分包的名义分别转包给第三人。"《合同法》第272条第3款规定："禁止承包人将工程分包给不具备相应资质条件的单位。禁止分包单位将其承包的工程再分包。建设工程主体结构的施工必须由承包人自行完成。"《建筑法》第29条规定："建筑工程总承包单位可以将承包工程中的部分工程发包给具有相应资质条件的分包单位；但是，除总承包合同中约定的分包外，必须经建设单位认可。施工总承包的，建筑工程主体结构的施工必须由总承包单位自行完成。建筑工程总承包单位按照总承包合同的约定对建设单位负责；分包单位按照分包合同的约定对总承包单位负责。总承包单位和分包单位就分包工程对建设单位承担连带责任。禁止总承包单位将工程分包给不具备相应资质条件的单位。禁止分包单位将其承包的工程再分包。"

坏工程建设市场秩序。因此，必须要求中标人只能将中标项目的非主体、非关键性工作分包给具有相应资质条件的单位，尤其要强调中标项目的主体性、关键性工作必须由承包人亲自完成，不得分包。③第三人必须是具有相应资质条件的单位，即具有国家认可的相应的勘察、设计、施工资格的单位。④建设工程分包合同必须进行备案登记。[①] 基于以上分析，分包的法律后果也就表现为，其一，分包单位不得将其承包的工程再分包。其二，由于承包人并没有退出与发包人签订的承包合同，它与第三人是承包合同的共同债务人，因此应对发包人共同负责，即第三人与总承包人或勘察、设计、施工承包人共同对发包人承担连带责任。

三、建设工程转包与分包的责任问题

要探讨建设工程合同转包和分包的责任问题，[②] 需从建设工程合同各方当事人的法律关系入手，然而对此问题，学者间存在不同的认识。一种观点认为，在法律性质上，建设工程分包合同属“并存的债务转移”，建设工程分包合同应当属于债务人与第三人，或者债权人、债务人与第三人之间共同约定，由第三人加入债的关系；显然，在这里，债权人即发包人、债务人即（总）承包人、第三人即分包人。这种情况下，债务人与第三人承担连带责任。[③] 一种观点认为，分包人向发包人的履行属于第三人代为履行。[④] 还有一种观点认为，建设工程分包在理论上类似于债务代替履行，分包人向发包人的履行类似于第三人，但是分包人对于发包人并非完全不负责任，并且，总承包人将其部分工作交于第三人时，须取得发包人同意，这又使其具有了债的转让的性质。故建设工程分包不同于并存的债务转移，也不同于第三人代

---

① 为深刻吸取“11·15”特大火灾事故的教训，进一步整顿和规范建筑市场，全面加强建设工程的质量安全管理，保证城市公共安全，2011年1月11日上海市政府出台了《关于进一步规范本市建筑市场，加强建设工程质量安全管理的若干意见》，该《意见》首次提出了建设工程分包合同备案制度，不办理备案手续的，一律停工整顿。本书认为，上海市政府的此种做法值堪可赞同，值得借鉴。

② 有学者认为，转包的法律后果与分包相同。参见马俊驹、余延满：《民法原论》（第四版），法律出版社，2010年，第695页。本书认为此种认识值得研究。

③ 李健、张庆云：《建筑工程分包合同若干法律问题的分析》，载《建筑》2001年第8期，第8页以下。

④ 参见李显东：《中国合同法要义与案例释解》，中国民主法制出版社，1999年，第974页。

替履行，而是具有较为特殊的性质。[①]

建设工程分包合同符合并存的债务移转的特征。在传统民法理论中，债务移转又称债务承担，指基于当事人协议或法律规定，由债务人转移全部或部分债务给第三人，第三人就移转的债务而成为新债务人的现象。广义的债务承担应包括免责的债务承担和并存的债务承担（参见《合同法》第84条）。所谓并存的债务承担，指原债务人并没有脱离债的关系，而第三人加入债的关系，并与债务人共同向同一债权人承担债务。建设工程合同不属于“免责的债务承担”，在免责的债务承担中，第三人就移转的债务完全取代了债务人的法律地位，原债务人相当于免责了。故建设工程合同属于并存的债务承担。这一点，从此种合同各方当事人的法律关系亦可推断出来。总承包人将总承包合同中的部分义务转移给分包人，从法律性质上看属于合同义务部分移转。合同义务移转从广义上包括两种，分别是债务承担和第三人代替债务人履行。

在总承包与分包相结合的情形中，总承包合同即招标采购合同与分包合同是两种完全不同的合同法律关系。招投标程序完成后，建设单位与中标人之间订立中标合同，中标人应当就中标合同的履行向建设单位承担全部责任。即使中标人根据合同的约定或者经建设单位同意，将中标合同范围内的部分非主体、非关键性工作分包给他人的，中标人也得对分包的工作向建设单位负责。换言之，中标人自始至终不能退出合同法律关系。另外，由于分包合同只是中标人与分包人之间订立的合同，故分包人与建设单位之间并不存在直接的合同权利义务关系。因此，分包人仅就分包合同的履行向中标人负责，并不直接向招标人承担责任。因分包工程出现的问题，中标人在向建设单位承担责任后，可以依分包合同的约定向分包人追偿。但为了维护建设的合法权益，不妨适当加重分包人的责任。问题是，根据我国法律现有规定，中标人与分包人应当就分包工程对建设单位承担连带责任，也就是说因分包工程出现的问题，建设单位得要求中标人承担责任，也得径直要求分包人承担责任。因此，从我国建设工程总分包连带责任的立法模式来看，其法

---

① 周娟：《建设工程分包若干法律问题探析》，载《安徽工业大学学报》2005年第7期，第9页。

律关系显然属于并存的债务承担。建设工程分包合同中发包人为债权人，总承包为债务人，分包为第三人，总承包与分包依据法律规定或总承包合同，依据并存债务承担理论就分包工程向发包人承担连带责任。总承包将本属自己完成的分项工程分包出去是债务的部分移转，必须经过发包人的同意；如果债务得不到履行，发包人即得同时或先后向分包和总承包主张一部分或全部请求，即分包与总承包应对债务负连带责任。[1]

进一步而言，把总分包法律关系定性为并存债务承担，有助于根治我国建筑市场多年来状况混乱、工程质量低下和安全事故频繁这一久治难愈的顽疾。实践中，非法转包、层层转包工程等行为，往往是因为缺乏强制力的法律制约而屡禁不止。因此，建立严格的法律责任制度和对违法行为的制裁体系，成为维护建筑市场秩序、保证工程质量和安全、促进建筑业健康发展最重要、最迫切的客观要求。而连带民事责任，体现了法律对共同负有民事义务的当事人违反法律、不履行共同义务的共同制裁。连带民事责任的法律特征，对于建筑活动的互相性、关联性的行业特点，对于共同负有民事义务有关当事人往往不共同履行义务而导致安全、质量事故的现状，显然是一个针对性的、行之有效的法律手段，对于建筑活动中的分包工程实施连带责任也就成为了必然。

第二节 建设工程合同的履行与情势变更

情势变更规则，是指合同有效成立后，因不可归责于双方当事人的原因发生情势变更，致合同的基础动摇或丧失，若继续维护合同原有效力则会显失公平，因而允许当事人请求变更合同或者解除合同。这一规则的实质在于，维护诚实信用原则的公正性，消除合同因情势变更所产生的不公平后果。[2] 由于建设工程合同具有长期性、复杂性、标的数额大等特点，此种合同缔结基础随时可能发生重大变化，同时鉴于该合同对合同各方当事人的重大利益及涉及社会公共利益，能否适用情势变更原则本身就存在很大争议，

---

① 参见戴孟勇：《连带责任制度论纲》，载《法制与社会发展》2000 年第 4 期，第 54 页。
② 马俊驹、余延满：《民法原论》（第 4 版），法律出版社，2010 年，第 334 页。

如果说能适用的话，又该如何适用，且其法律后果又如何等诸如此类的问题，相当棘手，理论与实践上也莫衷一是。

一、建设工程合同能否适用情势变更原则

关于建设工程合同能否适用情势变更原则，是一个极具争议的问题，总的来说主要有肯定说和否定说两种观点。

肯定说认为，建设工程合同应当适用情势变更原则，其理由是：在建设工程合同履行过程中，非市场性的条件变化如政府定价的调整、材料价格的不合理变动等，这种变化是合同双方都无法预见的，在司法实践中需作为情势变更来处理。而对于国家政策变动、自然条件恶化、水电供应短缺等，这些合同履行条件的变化往往对合同工期和工程量产生较大的影响，而且都是双方在签订合同时根本无法预见的，因而可按情势变更处理。[①] 否定说认为，建设工程合同不应适用情势变更原则，其理由是建设工程施工合同具有特殊性，其本身具有独特并且固定的合同价款确定方式，即成本加酬金、可调价格、固定单价和固定总价，具体分析而言，都不适用情势变更制度。[②]

肯定说的认识是值得肯定的，但其理由值得商榷。此种观点试图运用可预见性规则来论证建设工程合同应当适用情势变更，显得过于片面，没有考虑到建设工程合同的特殊性。否定说倒是看到了建设工程合同的特殊性，但仅从合同价款确定的几种方式的分析就一概否定不能适用情势变更，也是值得研究的。中肯地说，建设工程合同可适用情势变更原则，只是适用时应当基于建设工程合同本身的特殊性，予以慎重考虑，毕竟情势变更与否的最终决定权赋予了法官自由裁量权。

---

① 参见裘宇清：《论情势变更原则在建设工程合同纠纷中的适用》，载《技术经济与管理研究》2008 年第 4 期，第 66 页；宋胜利：《论情势变更原则在建筑工程承包合同中的具体适用》，载《河南省政法管理干部学院学报》2003 年 01 期，第 157 页以下；陈丽洪：《情势变更制度在建设工程施工合同中的适用要件》，载《黎明职业大学学报》2008 年第 4 期，第 61 页；王如廷：《情势变更制度在建设工程施工合同中的适用考察》，山东大学 2006 年硕士学位论文，第 34 页。

② 田宪刚、李相华：《论建设工程施工合同不适用情势变更制度》，载《山东省青年管理干部学院学报》2009 年第 5 期，第 110 页以下；王如廷：《情势变更制度在建设工程施工合同中的适用考察》，山东大学 2006 年硕士学位论文，第 34 页。

有鉴于此，建设工程合同领域与其他领域适用情势变更原则的条件是不一样的。我们不妨以房地产开发领域、商品房买卖合同、期货、股票、钢材、水泥、木材等买卖合同为例，期货、股票、权证交易是巨额风险与巨额回报并存的行业，作为参与此种交易领域的人大部分是商人，本身就应当承担当中蕴藏的商业风险，房地产开发亦复如此，是一个高风险与高回报共存的行业。所以情势变更原则根本不能适用上述行业，一旦适用，恐适得其反，造成更为显失公平的结果。

近些年来讨论得比较多的问题主要有：一是国有土地使用权出让合同，因遭遇国家宏观政策调控的，引发土地出让价格地价的暴涨暴跌，能否适用情势变更原则？笔者认为既然房地产市场本身是一个高风险与高回报并存的暴利行业，如约履行合同本就属于商业风险的范畴，根本就无适用情势变更原则的余地；二是商品房销售合同，遭遇房价快速上涨，出卖方提出解除合同，能否适用情势变更原则来变更合同价格或者解除合同？笔者认为出卖人同样不能适用情势变更原则来变更合同价格或者解除合同。因为出卖人的合同目的从未落空，合同交易基础根本从未发生重大变化；三是商品房购买者因遭遇房价快速下跌，能否适用情势变更原则来变更房价或者解除合同？笔者认为，此种现象同样不能适用情势变更原则。理由是，既然商品房购买者买的房是用来自住的，无论房价如何涨跌，其缔结商品房购买合同目的无从落空，合同交易基础难以说发生了重大变化。同理，对于建筑材料买卖合同，在履行过程中，遭遇下游钢材购销合同、木材购销合同、商品混凝土合同出现暴涨暴跌的情况，亦不能适用情势变更原则。因为上述合同本身是经营性合同，缔约人如果连此种商业风险都预料不到或承受不起，不妨趁早退出市场，法律并非在任何事情上都要充当万能上帝的角色。

通过上述分析，好像情势变更在这个合同不能适用，在那个合同也不能适用，就没有适用的余地了。那么到底建设工程合同在履行过程中遭遇何种情形才能适用情势变更呢？笔者认为，适用情势变更原则，充分考虑合同订立时目的的落空，行为基础发生重大变化才是最重要的。

我们应当看到，建设工程合同和前述高风险与高回报并存合同之合同目的是存在本质区别的。不妨从如下几个方面考虑，其一，建设工程合同的承包方承接工程建设项目，履行建设工程合同的目的究竟何在？就工程建设承包方来看，实际上，其并非慈善机构，获得最大化的利润才是其最基本目的；至于无论是管理阶层，还是施工技术人员，参与工程建设最基本的目的是通过辛勤劳动取得应有的劳动报酬。其二，建设工程合同虽然脱离于承揽合同而由合同法单独调整，但归根结底并未完全褪去承揽合同的色彩，特别是大陆法系各个国家和地区的合同法理论与实践，从来就未将建设工程合同作为一种独立的合同类型，一直都将其归入到承揽合同调整，这一点从《法国民法典》第1779条、《德国民法典》第648条、《意大利民法典》第1668条、《日本民法典》第638条、我国台湾地区"民法典"第494条等置放位置就是明显的例证。我国的《合同法》虽然把建设工程合同独立成章，即在第16章以"建设工程合同"命名加以规定，但在16章的第287条还规定，"本章没有规定的，适用承揽合同有关规定"。

可见，我国合同法律制度只是将建设工程合同视为特殊的承揽合同。既然建设工程合同难以褪去承揽合同的色彩，决定了其与买卖合同以及高风险与高回报并存合同如房地产项目合同、商品房买卖合同、股票期货合同有着质的区别；从本质上来说，作为承揽合同的建设工程合同是一类以提供劳务为主要标的之合同，其人工成本要占到整个建设工程项目造价相当大的比重。工程建设在相当程度上属于微利行业之一。其缔结时的交易基础甚为薄弱，在合同履行过程中，合同目的极易落空，这就决定了它和高风险、高利润合同在适应情势变更原则时，判断标准就不可能一样。对于在建设工程合同履行过程中，遭遇钢材、商品混凝土等原材料价格和劳动力报酬大幅上涨时，只有适用情势变更原则，才不至于导致显失公平的法律后果。虽然最高人民法院出台《关于适用〈合同法〉若干问题的解释（二）》是为了应对当时的国际金融危机，但其所确立的情势变更原则于建设工程合同的履行而言，具有比其他合同更为重大的意义。该解释第26条规定："合同成立以后客观情况发生了当事人在订立合同时无法预见的、非不可抗力造成的不属于商业风险的重大变化，继续履行合同对于一方当事人明显不公平或者不能实现合同目的，当事人请求人民法院变更或者解除合同的，人民法院应当根据公平原则，并结合案件的实际情况确定是否变更或者解除。"本条作为我国合同法律制度的重要补充，为施工企业因遭遇重大客观情势变化致使无力履行建设工程合同奠定了法律规范基础。

对于本书上述关于情势变更原则的适用条件，德国民法理论上关于情势变更原则适用条件的争论可以作为重要参考。德国民法理论中的“交易基础丧失理论”是哥廷根大学教授奥特曼在其著作《交易基础：一个新的法律概念》一书中正式提出的。奥特曼认为，交易基础是缔结合同一方当事人对于特定环境的存在或发生所具有的预想，该预想的重要性应为另一方当事人所了解并且不表示反对，或为双方当事人对于特定环境的存在或发生所具有的共同的预想，基于这种预想形成了当事人的意思表示。[1] 在该定义的基础上，他还创造性地进一步指出法律行为基础的特点是：①法律行为基础为法律行为的客观的基础，而非任何当事人为意思决定及为表示时的主观的基础，因此与动机截然不同；②法律行为基础并非法律行为的构成部分，尤其不须明示提升为限制法律行为效力的条件；③法律行为基础并非一般所称的法律行为目的，更多是使用目的或合同目的；④法律行为基础概念本身的确定标准应当是主观的，是依当事人的“预想”而定的。[2] 以上四点在理论上被俗称为“奥特曼公式”。奥特曼的理论一经提出，就成为情势变更原则的通说理论，且被德国法院判例所采纳。

德国著名学者拉伦茨教授对此却提出了不同看法，他指出奥特曼对“交易基础丧失”的认识，理论上虽然成立，但若用来解决其所提供的分析模型，则存在明显的逻辑硬伤。一方面是失之过宽，因为如果严格以“奥特曼公式”加以衡量，则许多合同目的都存在不能实现的问题，比如由于定作人订约时将其使用目的告知承揽人，而承揽人并未表示反对，这也将构成法律行为基础丧失，如此没有把交易安全所要求的合理危险负担考虑进来，未免有失公平；另一方面失之过窄，因为“奥特曼公式”只考量当事人的预想，而不考量当事人共同的合同目的是否实现、何为客观必要的环境因素。若发

---

① Paul Oertmann, Die Geschäftsgrundlage: Ein Neuer Rechtsbegriff, S. 37. 转引自张文婷：《论德国法上情势变更制度以及对中国的借鉴意义》，中国政法大学 2010 年硕士学位论文。需要注意的是，奥特曼教授在这里所谓的“交易基础”是当事人基于缔结合同时的客观条件所形成的预想，区别于当事人的动机，也区别于合同条款中明确规定的条件。

② 参见彭凤至：《情势变更原则之研究》，五南图书出版公司，1986 年，第 32 - 33 页。

生最常见的案例，如当事人未作任何预想而情势变更时，交易基础理论反而失去用武之地。[①] 但拉伦茨并未全盘否定奥特曼的理论，而是肯定了其合理成分。其在奥特曼“交易基础丧失理论”的基础上，结合考夫曼等其他德国学者的研究成果，提出了所谓的“修正交易基础丧失理论”，将交易基础细分为主观交易基础和客观交易基础。拉伦茨的修正交易基础理论最终使情势变更制度在德国走向完善，成为德国民法学说中关于情势变更原则的通说。

拉伦茨所谓的主观交易基础是指在合同缔结时一方当事人对于特定环境的存在或发生所具有的预想，该预想的重要性应为另一方当事人所了解并且不表示反对，或为双方当事人对于特定环境的存在或发生所具有的共同的预想，基于这种预想形成了当事人的意思表示。[②] 前述奥特曼的“交易基础丧失理论”中所谓的交易基础大体相当于拉伦茨所谓的主观交易基础。本书前述主张若出现超出合同当事人可预见的商业风险范围之外的交易风险，建设工程合同理当适用情势变更原则，就是这里所谓的主观交易基础；所谓的客观交易基础是拉伦茨提出的一种新的交易基础考量类型，其是指为了使合同的存在对于双方当事人而言仍然符合合同缔结之目的，而必须存在和持续的所有客观条件。这里的客观交易基础不仅包括合同订立时双方当事人虽没有写入合同条款，但曾由双方当事人进行过协商的客观情况；也包括双方当事人认为是理所当然而根本无需考虑的情况。[③] 拉伦茨还指出，等价关系障碍和合同目的不能实现的场合都可以包括在典型的客观交易基础丧失之内：[④] 本书主张在合同目的落空时，建设工程合同理当适用情势变更原则，理论基础就在于此。从根本上说，判断建设工程合同履行过程能否适用情势变更原则的标准和度，就是不能让建设工程合同承包方亏损或者只实现微利。拉伦茨客观交易基础理论的提出，很大程度上扩大了情势变更原则的适用范围，

① 参见彭凤至：《情势变更原则之研究》，五南图书出版公司，1986 年，第 43 页。

② Paul Oertmann, Die Geschäftsgrundlage: Ein Neuer Rechtsbegriff, S. 37. 转引自张文婷：《论德国法上情势变更制度以及对中国的借鉴意义》，中国政法大学 2010 年硕士学位论文。

③ Grüneberg, Kommentar zum Burgerlichen Gesetzbuch, 313 Rn. 4. 转引自张文婷：《论德国法上情势变更制度以及对中国的借鉴意义》，中国政法大学 2010 年硕士学位论文。

④ BGH 131. 209/5

使民法理论上的情势变更制度趋于完善。①

接下来的问题是，如果在建设工程合同履行过程中，施工材料、施工机械等原材料价格和人工成本下跌，建设单位能否提出适用情势变更原则？如果按照传统民法理论或者合同法理论来看，民事法律制度设计时必须考虑当事人之间权利义务的平衡，情势变更原则亦复如此，按道理应该可以适用于建设工程合同的发包方。笔者认为，持此种看法的人或许对建设工程领域不是很熟悉，熟悉建设工程领域的专业人士都知道建设单位所从事的本身就是一个高风险与高回报并存的行业，即使在合同履行过程中，遭遇前述原材料价格或人工成本下跌，合同缔结基础难以说是发生重大变化，合同目的也就无所谓落空。因为在此情形下，承包人更会按照合同的约定如实地、实际地履行合同；更别说国家投资的、建设单位是政府的工程建设项目。故于建设单位而言，根本就不存在适用情势变更原则的条件。

基于以上分析，最高人民法院《关于适用〈合同法〉若干问题的解释(二)》第26条所确立的情势变更原则，是符合情势变更制度本旨的，值得肯定和提倡，有利于该项制度在我国的顺利实施。

二、建设工程合同如何适用情势变更原则

（一）建设工程合同适用情势变更原则的一般条件

如前所述，并非任何交易基础发生变化的情况都构成情势变更原则的适用条件；只有客观交易基础与主观交易基础发生了重大的、最本质的变化，才能说是情势变更原则的适用条件。德国民法理论考察交易基础是否是重大的、主要的变化，主要关注合同的类型、履行障碍、和个案因素。总的来

① 值得注意的是，德国新债法目前采用的是“行为基础的变更（die Störung der Geschäftsgrundlage）”一词，而未继续沿用实务上长期使用的“行为基础的丧失”，乃是因为“行为基础的丧失”用语不够精确，依据通说，行为基础自始不存在的时候，也可以适用此原则，因此行为基础的变更可适用于行为基础的丧失及行为基础自始不存在两种情况。参见德国新债法第313条：（1）缔结契约之基础，在缔约后有重大变更，当事人若能预知其情势，即不会签约或缔结不同内容之契约，如斟酌个案之一切情况，特别是契约或法定之危险分配，无法期待当事人之一方维持原契约者，得请求为契约之调整。（2）若为契约基础之重要想法事后确认非属正确者，视同行为基础之变更。（3）如契约之调整并非可能或者对一方不可期待，蒙受不利之一方得解除契约。在长期债之关系，得以终止契约替代解除契约。

说，是以合同一方或双方当事人知道交易基础会发生这种变化就不会缔结合同或者会以其他内容缔结合同作为判断基准，只有成就这个条件才能被称为交易基础的重大变化。[1] 一般来说，交易基础的重大变化会导致合同目的不能实现，下列因素可以考虑其成为情势变更原则的适用条件。

第一，不可抗力。不可抗力是指不能预见、不能避免、不能克服的客观现象。不可抗力的事由大多是自然灾难，并不限于此。[2] 但是能否构成"情势"，还有待考察其与建设工程合同的关联程度。但就自然灾难而言，当然可构成情势变更的条件。只是在法律处断上，得直接通过适用《合同法》第117条的不可抗力条款加以解决。

第二，货币贬值。对于以货币作为履行标的之继续性双务合同而言，货币贬值是一直影响当事人双方利益平衡关系的重要因素。于建设工程合同而言，大多影响国际工程建设合同，因其以外币作为货币结算基础货币，如果货币贬值或汇率异常波动，将实际影响工程的价款结算及利润；当然也不排除国内建设工程合同履行过程中会出现类似情况。

第三，法律变动与行政行为。法律变动通常为当事人所不能预见，主要表现为国有化征收和税法的变动，往往会构成合同履行障碍事由。于建设工程而言，基于对国家主权和政策考量的尊重，除非当事人对上述事项在合同中作出过明确约定，否则因税法变动导致履行建设工程合同产生的损失由当事人自行负担，原则上不能构成适用情势变更制度的条件。

第四，其他经济因素的变化。这里所谓的经济因素包括建设工程合同中影响双方当事人经营的各种客观因素，比如说技术发展和国家经济贸易政策变化，可能导致合同标的贬值或者施工成本减低；除非当事人对上述事项在合同中作出过明确约定，否则因该因素导致履行建设工程合同的损失应由当

---

① Griineberg, Kommentar zum Burgerlichen Gesetzbuch, 313 Rn. 25.

② 就此点来说，FIDIC 施工合同条款范本可资借鉴，其第 19.1 条："于本契约中，不可抗力指任何事件或状况：（a）在当事人控制范围外；（b）当事人无法在签约前适当防备；（c）当事人无法适当避免或克服；（d）在本质上不可归责于他方当事人。于符合上述之（a）至（d）之条件下，不可抗力包括但不限于下述异常事件或状况：（i）战争、敌对行为（不论宣战与否）、入侵、外敌行为；（ii）叛乱、恐怖行动、革命、颠覆、军事政变、篡夺政权或内战；（iii）承包商或其分包商的雇员以外人员引起之暴动、动乱、骚动、罢工或停工；（iv）军需品、爆炸性材料、核子辐射或放射性污染，但可归责于承包商使用军需品、爆炸物、辐射或放射能者，不在此限；（v）天灾如地震、飓风、台风、火山爆发等自然灾难 。"

事人自行承担，原则上不能构成适用情势变更制度的条件。

当然，上述适用条件并未能穷尽可能适用情势变更原则的因素，有待结合个案审查，在司法审判实践中不断地丰富和总结，理论研究成熟时，应当对情势变更事由予以类型化。

（二）建设工程合同适用情势变更原则的特殊条件

由于建设工程合同的特殊性和复杂性，应该采取具体问题具体分析的态度，严格按照最高法院司法解释第 26 条之规定的条件，严格认定合同订立的前后变化是否构成情势变更，严格与其他情况相区别，按照公平和诚实信用的原则，灵活运用，审慎适用，以达到良好的效果。具体来说，如下特殊因素理当成为建设工程合同适用情势变更原则的条件。

第一，异常地质条件。所谓异常地质条件，是指建设工程工地地下或隐藏之实际物理条件与合同的条款、文件所规定者不一致。当然建设工程合同承包方应当在投标前至工地做实际的工地勘查，但此工地勘查应仅限于一个有经验的承包人在合理及其知识范围所能得到之资料，亦即指承包人经过一次详细之工地勘查后能够合理预测或推算出将来可能发生之情况，如果将来此种情况一旦真正发生时，此种状况即不能称为异常地质条件。因此，必须是在合同缔结时，承包人透过地质调查或合理的工地勘查仍然不知之状况，并缔约后才发现者，才能称之为异常地质条件。换句话说，于法律上而言，系属地质条件自始即存在，并非于缔约后才有变动。故就异常地质条件而言，虽然客观情势虽无变化，然当事人于缔约时就该情势均无从得悉，当允许情势变更原则之适用。

第二，异常气候状况。就建设工程而言，异常气候状况会构成合同履行的障碍，最直接的就是导致工期延长，履约成本明显增加。基于此种情形，应当允许承包方援引情势变更原则，准许延长工期，增加工程款或者利润，才符合公平之理和诚实信用原则的要求。

第三，群体性事件。由于目前中国的特殊国情，群体性事件频发，往往导致建设工程合同客观上不能履行，这是双方合同缔结时都无法预料的，基于公平的要求，不妨也容许适用情势变更原则，由双方平均分担所增加的成本。

第四，工程材料价格飙涨。工程价格飙涨情势非建设工程合同缔结当时所能预料，倘若无论工程材料价格如何飙涨，均按原合同约定履行，则不啻令承包人承担不可预测之风险，于客观交易秩序及系争合约原有法律效果之发生，亦将有悖诚信及衡平观念，合同履行显失公平，故当适用情势变更原则，对工程款予以调整。

三、建设工程适用情势变更原则的法律效果

对于建设工程当事人来讲，适用情势变更原则主要有两重法律效果：一是请求人民法院变更合同。请求变更合同可以使合同双方的权利义务重新归入平衡，使合同的履行趋于公平合理。此处的合同变更，理当是对合同的主要条款进行变更，如合同标的物、标的数额的增减、履行方式等。二是直接解除合同。根据案件的具体情形并结合适用情势变更原则制度的具体规则，在出现变更合同不足以消除双方显失公平的结果时，即得解除合同。解除合同的场合通常包括：在合同目的因客观情势发生重大变化而不能实现的场合，或者合同履行因情势变更而成为不可期待的场合，或者合同履行因情势变更而丧失履行意义的场合，建设工程合同当事人原则上得解除或终止合同。

值得一提的是，上述法律效果并非出于同一层次，法院在判定变更或解除合同时应遵循一定的顺序。按照合同必须严守原则的要求，理当优先考虑在最大限度范围内维持原有的合同关系。因此，只要合同存在变更的可能性，就要把变更合同放在首要地位优先考虑；只有变更合同也不足以消除双方显失公平的结果时，才能考虑解除合同。如果当事人坚持解除合同，而该合同达到司法解释所认定的“继续履行合同对于一方当事人明显不公平或者不能实现合同目的”，法院才得直接解除合同。

第三节　建设工程合同的强制履约保证

所谓建设工程合同的强制履约保证，是指建设工程合同在招投标过程中

要求所有投标人必须出具投标保证，保证其善意竞标、按标价签约；中标后提供履约保证，并附付款保证、保修保证等相关的合同保证。此种方式关键点是在运用市场化手段，引入第三方信用担保机制，在发包人、承包人、担保人之间构筑起相互制约的三角经济利益关系。[①] 建设工程合同强制履约保证制度在国外已有100多年的历史，目前在国际上得到广泛应用，成为控制建设工程风险的国际惯例，被称为“绿色担保”。

在我国，由于土地公有制决定了任何工程的建设都与公众利益相关，即使某个房地产开发项目由私人投资并且工程完工后完全用于商业目的。因为，在我国建设项目审批制的前提下，任何工程在动工建设之前，都要遵守国家有关规划、勘察、设计、建设等相关规定及相应的行政审批程序。其中国家建设部门对工程施工的全过程进行技术上的监督并有行政上的监管权力，具体到被监管者，主要是众多的建筑企业，也包括房地产开发企业，还有监理、造价等专业服务机构。但是，国家依靠行政力量并不能保证建设领域交易各方的职业操守和专业素质，建设领域的信用秩序出现的问题很多。比较突出的是拖欠工程款问题，主要表现在发包人（即投资方）拖欠承包商工程款，包括公共工程、基础设施的发包人（政府）、商业性开发项目的发包人（房地产开发商），承包商拖欠分包商工程款、承包商拖欠建筑工人工资等等。还有建筑企业的资质问题，主要表现在很多承包商在参加招投标时，为了满足招标要求，通过“挂靠”行为隐瞒资质不足的弱点，承接超出自身能力的工程。[②] 还有工程招投标程序的混乱问题。尽管《中华人民共和国建筑法》和《中华人民共和国招标投标法》都规定了通过招投标的方式选择承包商、确定工程合同价格，但是实际执行中的“围标”、泄露标底、暗箱操作的现象十分常见。还有合同违约与工程质量问题，主要表现在工程的建设中，发包方和承包商都有不按合同条件履约的动机，比如发包方肆意更

---

① 2003年，深圳开始采取强制性工程管理措施推行工程担保制度，使工程担保制度覆盖了全市范围内的所有建设工程。与此同时，厦门、青岛、北京等地也开始推行建设工程担保制度，制定出台了一些地方性的规定。（参见邓晓梅、王春阳：《工程履约担保制度在公共工程中的试行效果及发展前景分析——基于对深圳、厦门工程担保制度的试点调查》，载《建筑经济》2006年第5期，第20页；张茜：《建筑工程担保制度研究》，西南政法大学2006年硕士学位论文）

② 余子华、陈春来：《建设领域信用秩序研究》，载《建筑施工》2003年7月30日。

改施工图纸，承包商拖延工期，降低施工质量，甚至出现“豆腐渣工程”。

在建设工程合同领域，上述问题颇受人诟病，突显的是该领域内信用的缺失，国家强制虽然在一定程度上解决了部分问题，但建设工程合同领域毕竟更多地体现私法自治，行政审批或监管等强制性手段并未能从本质上根除这些问题。市场经济现在已经成为一种信用经济，[①] 建设市场经济，必须发展现代的信用体系，构建信用社会。按照市场经济的这一特质，我们的建设工程合同领域能否引入合同强制担保制度，依靠专业化的工程保证人，寻求私法维度内的制度设计，以解决工程工期一拖再拖、施工质量无法保证、农民工工资拖欠等问题呢?

一、建设工程投标保证金

我国建设工程合同领域普遍使用投标保证金制度，要求工程项目的中标人向招标人提交保证金，作为履行合同的担保，以解决项目中标人不履行合同规定义务的问题。从实际情况来看，投标保证金制度在一定程度上发挥着十分积极的作用，但由于建设工程市场的不规范，相关法律法规滞后，市场监管不到位，专业化担保机构发育不成熟，工程担保行为不规范等，给有形市场带来诸多不利因素，影响建设工程市场健康发展，值得深入分析和思考。

（一）投标保证金并非强制履约保证方式

投标保证金是我国为确保工程质量最为普遍采用的保证方式，但并非我国法律、行政法规强制要求的履约保证方式。

我国《招标投标法》第46条规定：“招标人和中标人应当自中标通知书发出之日起30日内，按照招标文件和中标人的投标文件订立书面合同。招标人和中标人不得再行订立背离合同实质性内容的其他协议。招标文件要求中标人提交履约保证金的，中标人应当提交。”第60条规定：“中标人不履

① 吴敬琏：《信用担保与国民信用体系建设》，载《2000年中国担保论坛文集》，经济科学出版社，2002年，第268页。

行与招标人订立的合同的，履约保证金不予退还，给招标人造成的损失超过履约保证金数额的，还应当对超过部分予以赔偿；没有提交履约保证金的，应当对招标人的损失承担赔偿责任。”《工程建设项目施工招标投标办法》第62条规定：“招标人和中标人应当自中标通知书发出之日起30日内，按照招标文件和中标人的投标文件订立书面合同。招标人和中标人不得再行订立背离合同实质性内容的其他协议。招标文件要求中标人提交履约保证金或者其他形式履约担保的，中标人应当提交；拒绝提交的，视为放弃中标项目。招标人要求中标人提供履约保证金或其他形式履约担保的，招标人应当同时向中标人提供工程款支付担保。”同时我国《施工招标投标管理办法》中明确了投标保函和投标保证金两种投标担保方式，并说明投标保证金可以使用支票、银行汇票等，而且根据该法规所编制的《房屋建筑和市政基础设施工程施工招标文件范本》中，投标人可以提交的投标担保包括现金方式的投标保证金。《世行采购指南》也要求中标的投标者提供履约保证金。[①] 在实务操作中，包括提交现金在内的投标保证金是我国建设工程领域认可的担保方式，并且被广泛采用。

因此，从以上规定来看，在我国的法律制度中，投标保证金在发包人招标中是作为选择项出现的，因此并非强制性的，而且仅仅在建设工程施工合同招标中才使用，在工程的勘察、设计及监理的招标中并不需要投标保证金。关于这个论断不妨作如下分析：

第一，是否采用投标保证金（或其他形式的履约担保），由招标人自主决定，并非法律之强行性规定。根据《招标投标法》第46条第2款之规定，要求中标人提交一定金额的履约保证金，是招标人的一项权利。该保证金应按照招标人在招标文件中的规定，或者根据招标人在评标后作出的决定，以适当的格式和金额采用现金、支票、履约担保书或银行保函的形式提供，其金额应足以督促中标人履行合同后应予返还。但在工程合同中，招标人可将一部分保证金展期至工程完工后，即直到工程最后验收为止。招标人要求中标人提供履约保证金（或其他形式的履约担保）的，必须在招标文件中同时

---

① 杨猛宗：《工程招标投标中的履约担保问题》，载《中国市场》2006年第3期。

作出两项明确的意思表示——要求中标人提供履约保证金（或者其他形式履约担保）；且同时应当承诺自己（招标人）向中标人提供工程款的支付担保——这是招标人要求中标人提交履约担保所应当承担的对等担保义务。

第二，关于投标保证金的额度、方式以及返还的时间和逾期返还的责任等，法律均无明确规定，都是当事人自行协商加以约定的，且只要约定不违反法律法规的强制性规定，均为有效。

第三，投标保证金都是由承包商直接向业主提供信用保障，并未涉及第三方保证人出具信用担保，因此不能构成保证担保，不能将保证金与银行出具的银行保函和担保公司出具的保证书混为一谈。[①] 其实，从中我们也可以看出，我国所谓的“履约保证金”“投标保证金”就是一回事，与保证担保制度相去甚远，后文对此自有分述。

（二）投标保证金并非有效的履约保证方式

采用保证金作为工程担保方式，不但不利于规范工程建设市场的主体行为，更由于《招标投标法》对其法律性质的界定相当模糊，导致其根本无法发挥应用的担保作用。

首先，要求投标人或中标人提交保证金作为担保的做法，优点在于操作手续简便，其缺点是冻结了承包商的周转资金。履约保证金一般为中标价的10%左右，有些高达20%，当中标工程较大时，工期也较长，所需保证金数额就高，押置时间也长，这对承包人来说负担相当重。以5 000万元的工程为例，履约保证金按10%计算，若直接缴纳履约保证金，承包商将有500万元的流动资金出现呆滞，负担是可想而知的。[②]

其次，此举并不能有效解决承包商的信誉问题及工程转包问题。从表面上看直接交纳保证金能较好地约束承包商履行合同，有利于保证工程质量和工程建设的顺利进行。但实际上由于我国承包人正常利润偏低，再加上现在的高额保证金势必导致承包人资金周转困难，不但加大了企业成本，有时甚

① 参见孟宪海：《建设工程担保制度相关法律问题的研究》，载《政法论坛》2001年第3期，第56页。

② 刘玉明等：《北京市推行工程保证担保制度的实践——存在的主要问题与原因分析》，载《研究探索》2006年第4期，第35页。

至导致承包人无法正常运营。当前建筑市场由发包人主导，承包商之间的竞争十分激烈，为了能承揽工程，承包商不得不做出许多让步，答应建设单位各种苛刻的要求。部分建设单位也就以工程为诱饵，要求高额保证金并存入其账户作为投标中标的基本条件，建设单位真实目的是借此机会解决自己的资金周转问题，这在客观上造成了建设单位强迫承包商垫资大开方便之门。这些工程有些尽管是投资数亿元甚至数十亿元的工程，即使到了完工之时，建设单位也仅支付部分费用，最终留下了工程拖欠款。此外，还存在部分建设单位故意扣住投标保证金，且期限较长，甚至拖延不退还，同样应予坚决遏制。

总之，上述问题的存在使其与原来的立法出发点相背离，妨碍了工程建设行业的有序发展。由此可见，《招标投标法》试图用履约保证金替代工程承包商的履约保证，立法政策考量有失妥当，存在不周全之处。原因在于对投标保证金性质和其所发挥的实际担保作用认识不够。

投标保证金究竟属于何种法律性质的建设工程合同担保方式呢？首先，虽然投标保证金是由承包商直接向建设单位提供的信用保障，但并未涉及第三方出具信用担保，因此不能谓之保证担保，更不能将投标保证金的支付行为与银行出具银行保函和担保公司出具保证书的行为相提并论。其次，投标保证金不属于抵押物和留置工作物，不能发生抵押或留置的法律效力。有学者认为投标保证金属于定金担保。[①] 这种认识值得研究。因为定金之担保作用是通过定金罚则才得以发挥的，定金对于当事人双方均有约束作用。于建设工程合同而言，交付投标保证金的一方是承包商，收受保证金的一方是建设单位，希望建设单位双倍返还保证金在现实中是不可能的。因为我国《招标投标法》投标保证金制度，只规定了承包商一方的义务，而对建设单位的义务未作过多规定，很难说对其有较大法律约束力。笔者认为，保证金不可能归入定金担保方式。因为由于投标保证金往往数额较大，所以采用现金方式交付投标保证金在现实中实属罕见；即便是有，从性质上看，应归入动产质押担保；对于工程建设领域，投标保证金的支付方式通常采用保付支票、

---

① 卞耀武主编：《中华人民共和国招标投标法实用问答》，中国建材工业出版社，1999 年，第 90 页。

银行汇票等票据方式，此种投标的保证金，则应归入权利质押担保。

二、承包人强制履约保证

（一）承包人履约保证具有一定程度上的强制意义

所谓承包人强制履约保证，是出于确保承包商履行合同约定义务之目的，建设工程合同中的建设单位要求承包商向第三方（银行或专业担保公司）交纳一定数额的履约保证金，并由第三方向发包人提供保函，一旦承包商违约，由保证人代为履约或赔偿。它通过引入第三方担保机制，当建设工程合同出现履行不能之虞时，由保证人承担保证责任，以免建设工程合同无法顺利完成。

承包人强制履约保证制度最早确立于我国《关于在房地产开发项目中推行工程建设合同担保的若干规定（试行）》（建市〔2004〕137 号）这项规范性文件中。该部委规章把承包商履约担保、投标担保、发包人工程款支付担保和承包商付款担保都列入其中，统一称为工程建设合同担保。其中所谓的承包商付款担保是指建设单位承包商向分包商、建设工人、材料设备供应商提供的担保。为确保前述部委所构建的工程建设担保制度的有效实施，原建设部于 2005 年、2006 年又先后印发了《工程担保合同示范文本（试行）》和《关于在建设工程项目中进一步推行工程担保制度的意见》两份指导性规范文件。该意见规定："工程建设合同造价在 1 000 万元以上的房地产开发项目（包括新建、改建、扩建的项目），施工单位应当提供以建设单位为受益人的承包商履约担保，建设单位应当提供以施工单位为受益人的发包人工程款支付担保。""建设单位在申办建设工程施工许可证前，应当将施工单位提供的承包商履约保函原件和建设单位提供的发包人工程款支付保函原件提交建设行政主管部门或其委托单位保管。"

从上述规定来看，承包人履约保证具有很大程度上的强制性质，遗憾的是，这种强制要求尚未上升到法律高度，且现行法律规定的立法宗旨系从保证发包人利益角度出发，尚未从确保工程质量，维护社会公共利益的角度进行政策考量。

（二）承包人强制履约保证与投标保证金的区别

在实践中，大都认为投标保证金就是履约保证或者是履约保证金的一种存在形式，承包人履约保证很大程度上具有强制性质，而投标保证金并非如此，二者是存在重大差别的。

其一，从提交主体上来看，投标保证金由所有投标人提交，履约保证金仅由中标人提交。

其二，从保证金的期限来看，投标保证金应在招标文件规定的投标保证金期限内提交，一般在投标同时提交；而履约保证金应在签订正式施工合同前提交；投标保证金返还时间为签订施工合同或提供履约保证时的第 28 天；履约保证金返还时间为工程经验收合格之日或合同约定时间。

其三，从法律后果上来看，没有按照招标文件提交投标保证金或所提供的投标保证金有瑕疵的，按废标处理；提交投标保证金但违反下述投标保证金的两种情况之一，没收投标保证金；没有按招标文件要求提交履约保证金的，将失去订立合同的资格，并没收投标保证金。提交履约保证金方不履行合同，接受方可按合同约定没收保证金，并不以此为限；接受方不履行合同，须向提交方双倍返还履约保证金，并不以此为限。

其四，从设置目的来看，投标保证金的目的有两个，一是投标人在有效期内不能撤回其投标文件；二是一旦中标，必须在规定期限内提交履约保证金或签署合同；履约保证金的目的是保证完全履行合同，主要是保证按合同约定的质量和工期条款履行合同。

（三）承包人强制履约保证制度的作用

承包人履约保证制度是一项为保证工程质量和工期所建立的法律制度，属于一项督促中标人履行合同的特殊措施，发挥着风险防范与控制合同有效执行的功能。建设单位在招标文件中设定招标条件时运用这项制度，一方面可以有效地防止自身可能面临各种不确定性和风险，另一方面可以充分考察中标单位是否具备完成中标工程建设项目的实力。当中标人以低价中标后不履行中标合同时，该履约保证金就是拒绝履行合同的代价，用来补偿建设单位因此遭受的损失。其作用主要表现在以下几个方面：

首先，确保中标人实际履行合同。工程合同履约保证的首要作用是保证中标的承包商按合同约定的质量、标准和工期条款履行合同。为了控制中标人在合同履行过程中的折扣与水分问题，让中标人在合同执行前交纳一定数额的履约保证金，根据合同可以随时考核验收，发现问题限时整改，否则将会没收或部分扣除履约保证金，在具体操作中，误期赔偿费也可从应付货款或履约保证金中扣除。因此，建立履约保证金制度对促使中标人履约、防止中标人违约，督促中标人履行合同具有重要的作用。

其次，敦促中标人及时签约，使合同如期生效。根据我国《招标投标法》第46条第2款之规定："招标文件要求中标人提交履约保证金的，中标人应当提交。如果中标人拒绝提交履约保证金，可以视为放弃中标项目，应当承担违约责任。"可见，履约保证金交付与否决定着中标合同是否生效，发挥着督促中标人即时签约的功能。当中标人迟延交付强制履约保证金时，建设单位得及时从仍然有效的其余投标人中选择排序最前的投标作为中标对象，或者建设单位干脆拒绝其余所有投标，在请求唯一中标人承担违约责任的同时，再行组织招投标。

再次，预防违约风险，惩戒违约中标人。当中标人在建设工程合同履行过程中有违约行为时，就会丧失全部或部分履约保证金返还请求权；建设单位有权没收该保证金，以赔偿其因中标人之违约行为所遭受的损失，且不以此为限。

（四）承包人强制履约保证制度存在问题及对策

从目前履约保证的实际运用情况来看，效果并不理想，其对承包方在很大程度上制约作用大于积极作用。

因目前市场机制不健全，工程建设市场俨然是买方市场。在此种大氛围下，承包人之间竞争激烈，建设单位要求承包商交付履约保证，若承包商一味坚持要求建设单位对等提供工程款支付保证，建设单位必然会重新选择不要求其提供工程款支付保证且条件更为优惠的其他承包商。于此情形下，承包商通常只能接受对建设单位不对等的要求，提供履约保证。更为严重的问题是，履约保证担保大多通过银行或担保公司提交，而银行和担保公司提交履约保证担保前提是要审查企业的资信情况及有无不良贷款记录；若承包人未能通过资信状况审查，就只能向银行和担保公司提交足够的资金，以争取银行和担保公司为其提供保证担保。更为被动的是，倘若工程竣工不及时，工程结算一拖两三年，退还履约保证金就几乎变成不可能的任务；即使一旦工程结算了，质量保修金又提上了议事日程，因为《建筑法》《建筑工程质量管理条例》都强调了工程质量保修制度，这是发包人收取工程质量保证金的依据，于是履约保证金又被延展为质量保修金。如此，这笔先是履约保证金、后是质量保修金的承包商的流动资金，就长时间沉淀在业主的手中，有的甚至成了永无指望收回的呆坏账……

出现上述问题，主要是因为我国履约保证制度存在缺陷，徒有其名，实则未曾发挥其应有的功能。根据我国履约保证制度的设计，虽然履约保证金的交付形式分为现金形式和银行保函或保险机构保函形式，但银行或保险机构保函手续甚为复杂，又因采用何种形式取得保函，缺乏法律法规的明确指引，导致承包人在该法律漏洞面前无所适从。建设单位更是深谙这一点，通常明确要求中标人采用现金支付方式交付履约保证金。这笔为数不少的流动资金，本来中标人可以充分使用，受制于建设单位的招标要求，只能被其合法占用。这是我国强制履约保证制度存在的重大缺陷或漏洞，未能在制度层面合理地约束和限制建设单位的上述行为。

问题是，如何弥补我国强制履约保证制度设计上的规范缺位。鉴于在实行该项制度的关键点在于成功获得银行保函手续，但是此种保函复杂而且手续费较高，采用现金方式提交履约保证金无疑是承包人最为现实的选择，随之而来的棘手问题是如何加强履约保证金的监督和管理。如前所述，若把履约保证金交由建设单位收取和管理，该保证金无疑会成为建设单位任意处置中标人的筹码，因此将该项资金交由第三方收取和管理，更具有可行性。如此安排，即为引入履约保证金收取和管理的第三方。制度设计的重点是，强制要求该第三人必须能站在公正立场上正确处理履约问题，对建设单位与承包人进行有效控制，严格按照协议规定的收取比例、支付和返还时间履行监督和管理的职责。倘若出现违约情况，第三人应该立即组织调查审核，确认

违约给非违约方造成的损失，及时赔偿其损失。在建设工程合同履行结束，工程竣工验收以后，返还履约保证金本金及利息给提交人。最后存在的问题是，由谁来充当第三人对建设工程合同当事人双方最为有利，可以在最大程度上保证建设工程合同顺利履行。鉴于建设行政主管部门在建设工程合同领域具有较高公信力，目前由其充当第三人，可能性与可行性就较大。因为若出现非基于建设单位缘故而承包人丧失履行合同义务的能力时，保证人可以接管该项建设工程，并在建设单位指定条件要求下另行寻找承包人承接继续完成工程。此时，建设单位只需按原合同款支付，对于新增工程款，则由保证人在保证额度内补充支付。

三、工程款支付强制保证

无论是投标保证金，还是履约保证，制度设计是从立法政策考量的角度保证工程质量和发包人的利益，然而在建设工程合同中，更容易受到损害的是承包人的利益，比如说全国各地比比皆是的烂尾楼工程，建设工程款的结算就遥遥无期，且即使有新的开发商重新启动该建设项目，首先面临的是巨额的债务泥潭，很难考虑原有建设工程款的结算问题，即使有所考虑，也很有可能大打折扣，导致承包人利益严重受损。有鉴于此，本书建议在工程建设合同领域，推行工程款支付强制保证制度，以确保承包方的利益。

（一）我国工程款支付保证制度的现状

工程款拖欠是困扰我国建筑业的一个严重的问题。根据对拖欠工程款和农民工工资的调查，造成工程款拖欠的原因很多，但是有两种情况比较突出：一种是没有资金来源或资金不足就盲目开工建设，根本就没有能力支付工程款，只好拖欠承包商的工程款；还有一种情况是，工程建设资金充足，业主就是拖着，不按时支付工程款。过去由于建筑市场的法律法规更多的是对承包商的约束，而对于业主的行为并没有太多的限制，承包商为了追回被拖欠的工程款，只好忍气吞声，实行所谓的“打折”或者“让利”，或者采取暗中给回扣，自己合法的权益得不到保障，还要用违法的手段去解决。为此，我国很多城市开始推行工程款支付保证制度，① 不过，显而易见的是，此制度的设计初衷就是“头疼医头，脚痛医脚”，其以解决工程款拖欠问题为主要目的开始实行，通过发包人工程款支付担保保证业主履行合同约定的工程支付业务，解决拖欠工程款的问题，从实施效果来看，并不理想。

首先，工程款支付缺乏统一的保证模式。我国目前工程款支付保证模式主要表现为银行保函模式和专业担保公司出具担保书模式，导致工程款支付保证制度的发展缺乏统一目标，客观上加大了制度设计和规则设计管理的难度。

其次，专业性担保公司稀缺阻碍工程款支付保证制度的推行。由于建设工程具有复杂性和高度专业性，工程款支付保证制度的顺利实施，有赖于存在具备专业工程技术能力和较强担保能力的保证人，传统担保制度中的银行很难胜任工程建设领域的保证人这一角色。但在我国现阶段，从事建设工程合同工程款支付保证业务的专业性保证担保公司则比较稀缺。

再次，欠缺配套的反担保制度。根据国际惯例，专业公司或银行提供工程担保时，大多也会要求被担保对象提供反担保，这是对双方的一种约束措施。工程款支付保证担保实际上是一种降低和转移工程风险的保障措施。但在我国，现行工程款支付保证制度缺乏完善的反担保措施，专业性担保公司不愿充当风险较大的大型基础设施工程项目的保证人，也就情有可原了。

最后，工程款支付保证制度适用范围不够明确。根据国际惯例，通常只

---

① 20世纪90年代，我国内地首先在深圳市开始工程保证担保制度的试点与研究。所有建筑施工企业承揽市政工程时必须提供由银行出具的投标保函，中标后要提供履约保函，否则不能参与投标和签订合同。2000年4月，深圳市人大常委会颁布条例，明确规定政府投资的项目必须实行履约担保，勘察设计单位依照合同向建设单位提供由银行出具的履约保函。2001年12月，深圳市修订新的《深圳经济特区建设工程施工招标投标条例》，把工程保证担保列为强制性的法律制度，明确规定：未提交投标担保的不得参与投标，投标担保金额一般不超过投标总价的2%，最高不超过80万元人民币；未提供履约担保或工程款支付担保的不予核发施工许可证，履约担保或工程款支付担保的数额不得低于合同价款的10%。为有效遏制建筑市场的恶性竞争，择优选取实力较强的承包商，深圳市于2004年4月颁布《关于进一步加强建设工程施工招标投标管理的若干规定》，调整履约担保的金额，实行不可撤销的差额担保，即中标人的履约担保金额不得低于中标价与标底价格之间的差额。近几年来，北京、天津、成都、青岛、厦门等城市，也在建立和推行工程担保制度方面开展了卓有成效的工作，先后出台了一系列关于工程担保的地方性管理办法，使工程担保制度在工程开发、设计、监理、施工承包、材料设备采购等范围得到广泛的实施，为我国全面推行工程保证担保制度提供了宝贵的经验，奠定了良好的基础。（参见李广涛：《工程保证担保制度法律问题研究》，上海交通大学2007年硕士学位论文，第12页。）

对政府投资的公共工程和涉及社会公共利益的基础设施建设工程项目，才实施强制性工程款支付保证制度，通常对工程款支付保证担保的项目类型、担保程序、担保额度、担保种类等作出了较为详尽的规定。该制度的适用范围在很大程度上，实现了最大限度地降低工程建设领域风险，以最经济的社会成本，创造最大化的社会效益。而对于私人投资的项目或小型工程，则采取降低标准的方法，推荐或引导市场主体参与保证担保。然而，对上述原则，我国建设工程合同领域很少有人对此发表充分认识和理解，使得工程款支付保证制度流于形式，难以充分发挥积极作用。

（二）工程款支付保证制度的完善

不妨从国家法律层面上推行工程款支付强制保证制度，在实行承包人履约保证的同时，强制要求发包人保证工程款支付的对等实施，从而确保承包商工程款按时到位，在保证工程项目顺利建设的同时使承包商的利益得到保证，承包商的工程款到位了，拖欠民工工资问题就会迎刃而解了，一旦有一方不能履约，保证人将代为赔偿和履约，通过索赔和追偿机制，保证合同剩余部分工程的建设和投保人的利益不受损失，从而保证后续新发包人和承包商双方的利益。为此，笔者试提出以下规则设计：

第一条　发包人要求承包人提交承包履约保证担保的，应当同时向承包人提交工程款支付保证担保。房地产开发项目，发包人应当要求承包人提交承包履约保证担保，同时向承包人提交工程款支付保证担保。

第二条　工程款支付保证担保的金额与承包履约保证担保相等。

第三条　工程款支付保证担保的有效期应当截止到除保修金以外合同约定的全部工程款支付完毕之日。

第四条　在承包合同履约过程中，发包人未按合同约定支付承包人工程款时，承包人有权要求保证人承担保证担保责任。

为确保工程款支付保证制度顺利实施，就需要引入专业性较强的担保公司作为第三方以保证人身份进入建设工程合同领域。工程款支付保证制度，其最终目的不在于当工程一方违约时，另一方拿到赔偿金，而是在于利用市场约束机制，加大双方的违约成本，使得双方能够遵守合同约定，认真履行自己的义务，保证工程能够顺利实施完成。显然，此种制度设计中，保证人承担保证责任的方式，不同于常见的赔偿损失的方式，而是如果发包方未能按合同履约，则担保公司通常会向承包商提供资金及技术支持，以帮助其继续完成合同；当承包方未能如约履行时，经发包人同意后，担保公司可以寻找其他合格的承包人来完成项目工程，发包人只按原合同支付剩余工程款，担保公司将承担实际工程造价与原合同价之间的差额部分；如果上述解决方案均不能实施时，担保公司则须按保证合同规定的履约保证金额对发包人或承包人进行赔偿。[①] 有鉴于此，工程款支付保证制度就要求保证人除了要具备一定的资金实力外，更重要的是要有较高的工程项目管理和控制能力。因此，由专业的工程担保公司担任保证人，才是发展工程款支付保证制度的合理选择。

适格之保证人普遍存在后，工程款支付保证制度应当在建设工程领域全面实施。但鉴于我国现阶段国情和法律实施水平，在该制度建立之初，应当慎重而为，有选择、有步骤地稳步推行，更为妥当。不妨先从我国工程建设市场中的两个重要领域开始：一是政府投资的基础建设工程，包括道路交通、大型水利设施、能源、市政建设等工程建设项目；另一政府重点监管的工程建设项目，因其与老百姓生活密切相关，比如房地产开发项目、文教体育设施兴建项目等。上述两个领域有充分的理由和条件强制实施工程款支付制度保证；对于其他类别的工程建设项目，则应采取积极引导的方式，鼓励实施工程款支付保证制度，但不宜作过多的强制性规定。采取这种办法，才能使工程款支付保证制度在重点领域得以迅速推广，从而更好地使其发挥作用，等条件成熟时，再全面铺开也不为迟。

① 参见包烈明：《建设项目全面推行工程保证担保制度的研究》，重庆大学2005年硕士学位论文，第20页；田文水：《我国工程担保模式及担保组织研究》，河海大学2006年硕士学位论文，第39页。

第四章

建设工程合同工程款优先受偿权的司法适用

依我国《合同法》第286条的规定："发包人未按照约定支付价款的，承包人可以催告发包人在合理期限内支付价款。发包人逾期不支付的，除按照建设工程的性质不宜折价、拍卖的以外，承包人可以与发包人协议将工程折价，也可以申请人民法院将该工程依法拍卖。建设工程的价款就该工程折价或者拍卖的价款优先受偿。"所谓建筑工程价款包括承包人为建设工程应当支付的工作人员报酬、材料款等实际支出的费用，不包括承包人因发包人违约所造成的损失。建设工程承包人行使优先权的期限为6个月，自建设工程竣工之日或者建设工程合同约定的竣工之日起计算。关于建设工程合同工程款优先受偿权的性质，理论中存在较大争议[①]。纠结于优先受偿权的性质

① 关于此时承包人所享有的权利，学者们认识不一。(1) 留置权说。认为此为承包人的留置权。(参见江平主编：《中华人民共和国合同法精解》，中国政法大学出版社，1999年，第223页。) 然反对此说的人认为，留置权的客体一般为动产，而承包人完成的工程为不动产；留置权的成立条件之一是债权人占有标的物，而在发包人不支付价款时，一般情况下承包人已经不占有标的物，因为工程已经验收，并交付给发包人。(2) 法定抵押权说。认为此为承包人的法定抵押权。(参见王利明：《物权法研究》，中国人民大学出版社，2002年，第568－574页；梁慧星：《合同法第286条的权利性质及其适用》，载《山西大学学报》2001年第3期，第5－7页；余能斌主编：《现代物权法专论》，法律出版社，2002年，第313页；易军、宁红丽：《合同法分则制度研究》，人民法院出版社，2003年，第269－271页；张学文：《建设工程承包人优先受偿权若干问题探讨》，载《法商研究》2000年第3期，第101－105页。) 反对此说的人认为，依我国现行法律，不动产抵押权以登记为生效要件，如承包人未登记则不能取得抵押权；

之争，意义并非如学者想象中那么重大，妥善解决司法适用中碰到的问题才是正道。

第一节　建设工程款优先受偿权司法适用的争议及解决

鉴于建设工程合同领域普遍存在工程款被拖欠的严重状况，我国《合同法》第286条赋予建筑工程承包人优先受偿权。由于缺乏配套实施文件，该条款很长被人戏称“休眠条款”。2001年6月20日最高人民法院作出《关于建设工程价款优先受偿权问题的批复》［法释〔2000〕16号］（以下简称《批复》），使该条款的司法适用开始普遍起来。然而上述两个规定并不足以解决和消除现实中的种种问题。本书拟就建设工程价款优先受偿权的司法适用问题进行探讨，并提供一些参考意见。

一、工程款优先受偿权适用的权利主体

（一）自然人可否作为权利主体

对此问题，国内鲜有学者进行深入讨论。从现有立法层面来看，出于对建筑工程的重要性和内容的复杂性的考量，将承包人限定于法人，而且是具有资质等级的施工企业似乎是理所当然的，因此相关的法律规定也不乏见。例如《中华人民共和国建筑法》第26条规定：“承包建筑工程的单位应当持

建设工程合同的承包人往往已为取得贷款而就工程设定了抵押权，于此情形，两个抵押权的优先性不易确定，因为往往银行抵押权成立在先，而从抵押权所担保的债权性质上说，承包人的抵押权又应优先于银行的抵押权。(3) 优先权说。认为此为承包人从建筑工程的价款中优先受偿的权利，其优于发包人的其他债权人的担保物权。（参见魏振瀛主编：《民法》，北京大学出版社、高等教育出版社，2000年，第514－515页；崔建远、王轶：《合同法新论·分则》，中国政法大学出版社，1997年，第250页；申卫星：《我国优先权制度立法研究》，载《法学评论》1997年第6期，第60－65页；王全弟、丁洁：《物权法应确立优先权制度——围绕合同法第286条之争议》，载《法学》2001年第4期，第52－62页。）本书认为，以上三种观点均有其道理，其共同点是通过判断承包人的优先受偿权的性质说明这种权利的效力，即与其他权利相较而言时，法律应否予以特别保护。本书以为优先权说更为合理，解释为优先权也便于与海商法上的船舶优先权、民用航空法上的航空器优先权及合同法中的表述保持一致，避免无谓的概念之争。

有依法取得的资质证书，并在其资质等级许可的业务范围内承揽工程。”《建筑工程施工合同管理办法》第4条规定：“承包方签订施工合同，必须具备相应的资质条件和履行施工合同的能力。承包方必须具备有关部门核定的资质等级并持有营业执照等证明文件。”《合同法》第272条规定：“禁止承包人将工程分包给不具备资质条件的单位。”因此，在司法实践中，有法官认为，“如果实际施工人只是工人……，则不能按照《合同法》的规定享有承包人的优先受偿权”。[①] 但是，无法否认的是，我国现有的相关立法规定尚存很多矛盾之处。例如，国务院《村庄和集镇规划建设管理条例》第23条规定，具有施工资质的个体工匠，同样可以承担建筑工程施工业务。根据建设部《家庭居室装饰装修管理试行办法》第6条规定，允许具有从业上岗证书的自然人承接家庭居室装饰装修工程。对该问题，有学者的解释为，类似这种工程“投资小、技术简单”，故不属于《合同法》上所调整的建筑工程，宜按承揽合同处理，建设工程的承包人仍然只能为法人。[②] 此种观点值得商榷，因为这些建筑物不一定就意味着投资小且技术简单。在我国的经济发达地区，自建别墅、装修的价值逾百万元者并不鲜见；至于认为其技术简单，也是没有充分证据的。况且“投资少和技术简单”是没有量化标准的。因此，既然法律规定具有相应资质认定的自然人也是某些建设工程的承包人，则自然人同样可以主张优先受偿权。

（二）勘察人、设计人能否为权利主体

对这一问题，目前国内存在两种针锋相对的观点。持肯定态度的学者认为应该支持，[③] 其理由是：①《合同法》第269条规定：“建设工程合同是承包人进行工程建设，发包人支付价款的合同，建设工程合同包括勘察、设

---

① 参见吴庆宝：《最高人民法院专家法官阐释民商裁判疑难问题》，人民法院出版社，2007年，第30页。

② 参见王建东：《建设工程合同法律制度研究》，中国法制出版社，2004年，第11、314页。

③ 参见李万林：《留置权、法定抵押权、优先权？——关于〈合同法〉第286条的思考》，厦门大学2002年硕士学位论文，第31页；刘振环：《建设工程价款优先受偿权司法适用问题研究》，载《浙江万里学院学报》2004年第4期，第50页；雷运龙、黄锋：《建设工程优先权若干问题辨析》，载《法律适用》2005年第10期，第58页；赵兰明：《论建设工程优先受偿权》，中国政法大学2005年硕士学位论文，第20页。

计、施工合同。”显然立法已将勘察、设计人归入优先偿权之权利主体。②勘察、设计单位对建筑物形成本身有价值贡献，不能抹杀其贡献。③随着建筑市场的发展，采取总承包方式的工程项目大大增加，则其中必然包括勘察和设计这两种工作。④在境外立法中，对勘察设计人的权利保护正在加强，例如我国台湾地区的建筑师制度即采取此种做法。持否定态度的学者则坚决反对，其理由是：第一，勘察、设计合同承包人所享有的权利只是一般债权，无须特别保护。[①] 第二，《合同法》第286条所保护的债权在条文上称为工程价款，而勘察、设计人的债权在条文上称为费用，两者不能等同。[②] 第三，承包人优先受偿权的标的物为建设工程，而勘察、设计人在发包人拒付费用时，建筑工程尚不存在，也即优先受偿权的标的物根本不存在，岂有行使优先受偿权的可能。[③] 第四，勘察、设计人员收入较高，属于知识分子阶层，不属于法律特殊保护的对象，而施工合同承包人享有的价款债权，往往是已垫费用及工人的劳动报酬，需要特殊保护。[④] 否定说堪可赞同，但上述观点除第三点权利标的物之差异性尚有一定道理外，其余理由都未免牵强。应当不允许建设工程勘察人、设计人作为建设工程价款优先受偿权的权利主体，理由如下：其一，勘察合同、设计合同和施工合同是三项独立的合同，它们的主体、客体和内容都不相同。即使采用总承包的方式所构成的承揽工程也只是三项合同的配置和整合，对其独立性质无损。其二，虽然《合同法》第269条规定建设工程合同包括了勘察、设计、施工合同，但根据最高人民法院作出的《批复》第3条的规定，建设工程价款包括承包人为建设工程应当支付的工作人员报酬、材料款等实际支出的费用。笔者认为《批复》的规定已经将建设工程价款优先受偿权的适用范围限制于施工合同。

---

① 参见张铁锋：《我看建设工程承包人的优先权》，载《中国律师》2001年第10期，第49页。

② 参见张铁锋：《我看建设工程承包人的优先权》，载《中国律师》2001年第10期，第49页；邓岩、邢志丽：《试析建设工程优先受偿权的构成条件》，载《辽宁公安司法管理干部学院学报》2004年第4期，第28页。

③ 参见张铁锋：《我看建设工程承包人的优先权》，载《中国律师》2001年第10期，第49页；邓岩、邢志丽：《试析建设工程优先受偿权的构成条件》，载《辽宁公安司法管理干部学院学报》2004年第4期，第28页。

④ 邓岩、邢志丽：《试析建设工程优先受偿权的构成条件》，载《辽宁公安司法管理干部学院学报》2004年第4期，第28页。

（三）扩建、改建、装修合同的承包人能否作为权利主体

对于这一问题的争议，国内存在肯定说、有限肯定说两种意见。持肯定说的学者认为，从性质上看，这类合同与新建工程的施工合同并无区别，均具有承揽性质。然从其他国家及地区的立法来看，对上述合同是给予相同保护的，例如《法国民法典》第2103条规定受雇于建设、重建或修理楼房水渠或其他任何工程施工的工人均有优先权，我国台湾地区“民法典”第513条也赋予这类承包人法定抵押权。[①] 持有限肯定说的学者认为，建筑物在建造过程中的装修方享有优先受偿权，建筑物使用过程中的装修方不享有优先受偿权。[②] 本书赞同肯定说，其理由是：《建设工程质量管理条例》第2条规定：“本案例所称建设工程，是指土木工程、建筑工程、线路管道和设备安装工程及装修工程。”从建筑学角度看，装修工程仅是单位工程（指具有单独设计文件，可以独立组织施工的工程），它是单项工程（也称工程项目，是指一个建设单位中，具有独立的设计文件，竣工后可以独立发挥生产能力或工程效益的工程，例如工业企业建设中的各生产车间）或建设项目（指具有设计任务书和总体设计，经济上实行独立核算，行业上具有独立组织形式的基本建设单位，例如某工厂）的必不可少的一部分，理所当然属于建设工程之列。[③] 所以，从法律上而言，扩建、改建、装修工程的承包人在其履行合同中同样有劳动力和物质的投入，与一般的施工合同并无性质差别。故其承包人也应享有优先受偿权。至于对变卖实现的担心，实属多虑，因为司法实践中可以采取整体拍卖，分别受偿的做法。[④]

（四）监理合同的监理人能否作为权利主体

综观我国现有相关民事法律，对监理合同的监理人能否作为优先受偿权

---

① 参见庞铁照：《建设工程承包人优先受偿权若干问题探析》，载《中国司法》2002年第6期，第36页。

② 参见刘疆：《承包人优先权与房产转让抵押公证中权利瑕疵的预防》，载《中国司法》2000年第8期，第24页。

③ 参见许焕兴编著：《土建工程造价》，中国建筑工业出版社，2005年，第17－18页。

④ 参见雷运龙、黄锋：《建设工程优先权若干问题辨析》，载《法律适用》，2005年第10期，第58页。

的主体并无明确规定。虽然最高人民法院2000年10月30日颁布的《民事案件案由规定》明确指出建设工程合同纠纷有五种，其中就包括建设工程监理合同纠纷，但又无法找到相关的援引规则，使人难免产生疑惑。监理合同的监理人不应作为建设工程价款优先受偿权的主体，其理由在于，监理合同与施工合同是两种独立的合同，法律对施工合同的特殊保护，并不能理所当然地延伸到监理合同。

（五）建设工程的分包人是否作为权利行使主体

现行法律对于这一点也没有规定，学界同样存在不同的认识。有的学者认为，合法的分包是合同的部分转让，应该受法律保护，故合法分包人拥有优先受偿权。[①] 有的学者认为，分包人无权依据分包合同价款行使优先受偿权，其理由是分包人与发包人没有直接的合同关系，不具有独立起诉和应诉资格。[②] 本书原则上赞同后者的观点。除上述理由外，优先受偿权的行使前提是发包人没有支付工程价款，但现实中往往存在发包人已经支付工程价款，只是由于总承包人的扣压，使分包人仍无法得到其价款的情况。若此时支持分包人的优先受偿权，则发包人的利益受到损害。必须说明的是，如果由于总承包人怠于行使到期债权，根据《合同法》第73条的规定，发包人有权行使代位权，向发包人提起诉讼，依法取得原属于总承包人的优先受偿权。

（六）转包合同的承包人是否为权利行使主体

《建筑法》第28条规定："禁止承包单位将其承包的全部建筑工程转包给他人。"转包行为属于被禁止的，不受法律保护。故转包人没有行使优先受偿权的合法前提，不能成为优先受偿权的行使主体。然而，是否这就意味着，建设工程转包合同承包人丧失了一切权利呢？答案是否定的。其仍旧有

---

① 参见李万林：《留置权、法定抵押权、优先权？——关于〈合同法〉第286条的思考》，厦门大学2002年硕士学位论文，第32页。

② 参见邓岩、邢志丽：《试析建设工程优先受偿权的构成条件》，载《辽宁公安司法管理干部学院学报》2004年第4期，第32页；参见吴庆宝：《最高人民法院专家法官阐释民商裁判疑难问题》，人民法院出版社，2007年，第30页。

不当得利返还请求权，因为其实际施工人[1]对发包人享有支付物化劳动折价补偿款的请求权，该请求权的数额以发包人欠付工程款的范围为限。《解释》第26条第2款，直接赋予实际施工人对发包人享有支付物化劳动折价补偿款的权利，同时限定发包人只在欠付工程价款的范围内对实际施工人承担责任。不少学者及实务界人士认为《解释》此种规定是对合同相对性理论的突破，立法宗旨在于侧重保护农民工的利益。

没有充足的实务理由或者政策考量，不能轻言谓之合同相对性原则的突破。所谓突破合同相对性理论，应当满足“穷尽一切救济”的原则，只有在穷尽了现有可能的法律救济渠道，仍未能提供有效救济途径的情况下，突破才是可以容忍的。不受限制的突破，只能造成理论的混乱及法律体系的破坏。实际上运用逻辑分析的方法，不难得出：该规定并不是对合同法相对性理论的突破，而是基于无效合同所产生的不当得利返还法律关系的适用。

因为实际施工人与转包人合同因违反法律的禁止性规定而无效。根据《合同法》第58条之规定：“合同无效后，因该合同取得的财产，应当予以返还；不能返还或者没有必要返还的，应当折价补偿。”有过错的一方应当赔偿对方因此所受到的损失，双方都有过错的，应当各自承担相应的责任。实际施工后，实际施工人的履行行为已固化于建设工程中，无法予以返还，因此，应当由转包人折价予以补偿。我国立法及学理通说认为合同无效后，原来基于合同行为所发生物权变动的基础当然地丧失，进而发生物权变动的回转，此时的返还财产请求权是属于物权性质的物权请求权。唯于原物不存在或已无法返还的场合，转化为不当得利的返还，所谓“返还财产”仅具有债权的效力。因此，这种折价补偿并非合同上的责任，而系对转包人没有法

---

① 关于“实际施工人”的概念，分别出现在最高人民法院《关于审理建设工程施工合同纠纷案件适用法律问题的解释》（以下简称《解释》）第4条、第25条、第26条三个法律条文中。《解释》第4条涉及实际施工人概念的表述是“没有资质的实际施工人借用有资质的建筑施工企业名义与他人签订建设工程施工合同的行为无效”，第25条将实际施工人与分包人、总承包人并列而为表述，第26条更将实际施工人作为与“转包人”“违法分包人”相对应的对方当事人而为规定。由后两条规定的表述方式可以看出，实际施工人是与“分包人、总承包人、转包人、违法分包人”相对的、不相容的概念。最高人民法院原副院长黄松有在2004年10月27日就最高人民法院发布《关于审理建设工程施工合同纠纷案件适用法律问题的解释》答记者问时，阐述道：“从建筑市场的情况看，承包人与发包人订立建设工程施工合同后，往往又将建设工程转包或者违法分包给第三人，第三人就是实际施工人。”此种阐述实际上是将实际施工人定位为转包合同与违法分包合同的承包人。

律或合同上的依据，取得实际施工人工作成果的补偿，其实质是一种不当得利返还法律关系。这种不当得利，其利得便相当于合同有效时，转包人依合同应当给付的对价，可以参照合同有效时的情况而为计算。《解释》第2条其实对此予以了明确："建设工程施工合同无效，但建设工程竣工且验收合格，承包人请求参照合同约定支付工程价款的，应予支持。"当然，《解释》第2条仍然采用了"支付工程价款"的表述，从法律概念使用的精确性要求来讲实值研究。因为《合同法》第50条对无效合同所产生权利义务的规定已极为明确，即"折价补偿"，有损失的，由有过错的一方予以赔偿，双方均有过错的，应当各自承担相应的责任。因此，该款项并非"工程价款"，而是因合同无效，又不能返还时产生的物化劳动的"折价补偿款"。因此，《解释》第2条在文字表述上宜改为"建设工程施工合同无效，但建设工程竣工且验收合格，承包人请求参照合同关于工程价款的计算标准予以补偿的，应予支持"。

值得注意的是，这种固化于建设工程中的劳动，是固化于发包人所有的建设工程上，发包人是该物化劳动的实际占有者，负有返还该物化劳动的义务。但是，这种利益系发包人基于其与转包人之间的合法的建设工程施工合同而取得的，发包人属于善意的不当得利人。因此，当发包人为此依建设工程施工合同向转包人支付了相应对价时，其这种得利便成为正当利得，实际施工人不能再依不当得利的关系向发包人提出参照合同约定支付物化劳动折价补偿款的主张。只有当发包人未依发包人与转包人或违法分包人签订的合法的建设工程施工合同向转包人或违法分包人付清价款时，发包人才在未付清的金额范围内对实际施工人承担折价补偿责任。

（七）挂靠人是否拥有优先受偿权的主体资格

所谓挂靠，是指建筑施工企业（即挂靠企业）或个人以其他建筑施工企业（即被挂靠企业）的名义承包工程的行为。依照《最高人民法院关于审理建设工程施工合同纠纷案件适用法律问题的解释》的规定，挂靠行为属于

"没有资质的实际施工人借用有资质的建筑施工企业名义，是典型的无效合同"。[①] 故挂靠人同样缺乏主张优先受偿权的合法前提。学界认为"如果实际施工人就是实际的承包人的，只是施工合同承包方是表面的签约者又出具证明实际施工人就是实际的承包人的，那么实际施工人应当享有承包人的一切合同权利"的观点，是对现行法律的违背，根本不足取。[②]

（八）关于多个承包人的优先受偿权主体资格

有的学者认为"多个承包人存在于一个工程的情况，可视为数个请求权主体的实际请求权并存，这些请求权均可产生各自的优先受偿权"。[③] 本书对此观点不予赞同。在一个工程存在多个承包人的情况，只能是发包人将工程肢解后对外发包，或是总承包人将工程肢解后违法转包。这两种情况都为法律所禁止（《建筑法》第24、28条）。故所有的承包人都丧失了合法前提，它们都不享有优先受偿权。

二、建设工程价款的组成

《批复》第3条规定："建筑工程价款包括承包人为建设工程应当支付的工作人员报酬、材料款等实际支出的费用，不包括承包人因发包人违约所造成的损失。"《建设工程施工发包与承包计价管理办法》第5条规定，建设工程价款包括成本（直接费、间接费）、利润（酬金）和税金。在司法适用中，对以上问题还是存在不同见解的。

（一）关于预期利润（计划利润）

持肯定说的学者认为，前述法律已经规定了建设工程价款的构成，预期

---

① 参见杨家学、崇维结：《建设工程实务中优先受偿权法律问题研究》，载《重庆建筑》2004年第1期，第22页。

② 参见吴庆宝：《最高人民法院专家法官阐释民商裁判疑难问题》，人民法院出版社，2007年，第30页。

③ 参见王旭军、梁静：《建设工程款优先受偿权之担保物权有机竞合论》，载《法律适用》2004年第7期，第43页。

利润为其重要组成部分之一。[1] 况且建设工程价款数额一般是双方通过招投标程序确定的，没有理由将其排除在外。[2] 持否定说的学者认为，预期利润作为预期收益，不同于《批复》第3条规定的“实际支出的费用”，将其优先保护是对其他债权人权益的侵害。[3] 产生两种针对观点的原因是立法之间的矛盾所造成的。本书支持肯定说，其理由如下：预期利润是我国法律规定施工图预算、招标标底和投标报价的组成部分，一直为发包人和承包人所接受，[4] 不应将其排除在优先受偿权保护之外。《日本民法典》第338条设立的不动产工程先取特权的登记内容规定为工程开始前的预算额，其也应包括相应的利益。《批复》将建设工程价款规定为只包括人员报酬和材料款并不妥当，应该在以后的立法修改中进行调整。

（二）关于税金

即使依《批复》第3条之规定，税金也应属“实际交出的费用”。否则，承包人将在自身的收益中另行支付税金，这是不合理的。

（三）何为发包人违约造成的损失

发包人违约给承包人造成的损失，应该包括因发包人违约行为，根据承包合同应该支付给承包人的迟延利息、违约金、赔偿金等等。理由在于它们与设立优先受偿权的立法理由并不相符。但是，《批复》所指的“损失”，应理解为承包人的间接损失。由于发包人的违约行为给承包人造成了直接损失，已经符合《批复》所说的“实际支出的费用”，应在优先受偿权保护之列。大致有四种情况：①因发包人未按约定提供场地、技术资料等造成的停工、窝工损失；②因发包人擅自变更图纸造成的材料浪费和重复劳动损失；③因发包人资金不到位造成的停工损失，包括工人工资、机械超期使用费

---

① 参见杨永清：《建设工程价款优先受偿权司法解释的理解与适用》，载《判解研究》2002年第3期，第12页。

② 参见邓岩、邢志丽：《试析建设工程优先受偿权的构成条件》，载《辽宁公安司法管理干部学院学报》2004年第4期，第32页。

③ 参见雷运龙、黄锋：《建设工程优先权若干问题辨析》，载《法律适用》2005年第10期，第59页。

④ 参见许焕兴编著：《土建工程造价》，中国建筑工业出版社，2005年，第25页。

等；④发包人拖延验收造成的工人工资的支出。①

（四）垫资

虽然国家计委、财政部、建设部于1996年颁布了《关于严格禁止在工程建设中带资承包的通知》，显然我国行政规章是禁止施工中的带资、垫资行为的，但屈从于建筑市场的买方优势以及法律规范的缺陷（如发包人的工程履约担保制度），垫资行为依然风行。司法实践中对垫资行为合法与否问题同样存在争议。持否定说的学者认为，二部一委之规定使垫资丧失合法性基础，故该垫资不受法律保护。② 持肯定说的学者认为，二部一委的规定只是行政管理规范性文件，根据最高人民法院于1999年12月出台的《关于适用〈合同法〉若干问题的司法解释》的规定："合同法实施以后，人民法院确认合同无效，应当以全国人大及其常委会的法律和国务院制定的行政法规为依据，不得以地方性法规、行政规章为依据。"因此，二部一委的规定不能作为行为认定无效的依据。③ 同时带资行为是国际工程业之惯例，没有反对的必要。本书支持肯定说。在实践中的垫资有两种，一种是承包人将资金交付给发包人使用；另一种是承包人允诺在施工进入一种条件后才回收施工款。对于前者，且不管承包人是否将其用在工程中（如交付征地款、办理施工许可证等等），承发包之间实际上已经建立了借贷关系，则承包人付出的款项不享有优先受偿权。事实上只要有工程进度款支付制度，就必然存在承包人工程款延后回收的情况，这与后者并无实质之区别。承包人将款项直接用于工程施工的，已经物化为建筑工程，属于《批复》第3条所指的"实际支出的费用"。承包人的权利应属优先受偿权保护之列。④

① 参见赵兰明：《论建设工程优先受偿权》，中国政法大学2005年硕士学位论文，第27页。

② 刘振环：《建设工程价款优先受偿权司法适用问题研究》，载《浙江万里学院学报》2004年第4期，第28页。

③ 参见邓岩、邢志丽：《试析建设工程优先受偿权的构成条件》，载《辽宁公安司法管理干部学院学报》2004年第4期，第32页。

④ 参见雷运龙、黄锋：《建设工程优先权若干问题辨析》，载《法律适用》2005年第10期，第59页；杨春禧：《论〈合同法〉第286条承包人权利的性质界分》，载《西南民族大学学报》2004年第10期，第126页。

三、建设工程合同的有效性对优先受偿权的影响

建设工程价款优先受偿权基于有效的建筑工程合同，这自无疑义。这里需要讨论的问题是：无效建筑工程合同就一定导致优先受偿权的消灭?[①] 如果造成合同无效的过错方并不是承包人，如发包人没有办理行政管理部门的证照等。承包人是否仍然因为合同无效而丧失优先受偿权？简单地以建设工程合同无效取消优先受偿权的做法对于无过错的施工人是不公平的。[②] 在建设工程合同认定后，应该以过错责任原则来划分各方当事人的责任，才能做到公平合理，在以后的法律修正中，应该规定只有承包人的过错造成建设工程合同无效的，承包人才丧失优先受偿权。

四、关于“烂尾楼”工程的问题

关于烂尾楼的法律问题，更是学界讨论的热点，很多学者认为应当具体分析，分别对待；也有学界认为这不属于优先受偿权的保护范围。[③] 但事实上，对于承包人利益最大损害的情况就往往产生在“烂尾楼”工程中。

（一）“烂尾楼”中优先受偿权的起算时间

关于优先受偿权成立的时间，目前有三种主张：第一种是合同成立说，认为在建设工程合同成立的同时已产生对工程价款的优先受偿权。[④] 这一学说目的在于加大保护承包人的利益，但它在权利行使期限上产生了重大问题。若依《批复》第 4 条规定的 6 个月，则承包人的优先受偿权无从行使

---

① 参见马永龙、李燕：《建筑工程款优先受偿权法律适用问题探析》，载《现代法学》2003 年第 6 期，第 36 页。

② 参见赵兰明：《论建设工程优先受偿权》，中国政法大学 2005 年硕士学位论文，第 22 页。

③ 参见赵兰明：《论建设工程优先受偿权》，中国政法大学 2005 年硕士学位论文，第 21 页。

④ 参见郑王波：《民法物权论文选辑（下册）》，五南图书出版公司，1989 年，第 688 页；参见赵兰明：《论建设工程优先受偿权》，中国政法大学 2005 年硕士学位论文，第 20 页。

(该期限属于除斥期限)。第二种是工程竣工说,[①] 这种观点认为,在建设工程完成后,经过工程的竣工验收和工程结算已完成后才能支付工程价款,此种观点为《批复》接受。但由于付款方式的多样化,“发包人未按照约定支付价款”的情况可能发生在工程竣工前后。若发生在竣工前,而优先受偿权又未成立,两者形成矛盾;在“烂尾楼”工程中,“发包人未按照约定支付价款”已成事实,此时工程既未完工,未经结算,优先受偿权又谈何成立?[②] 第三种观点就是债权未受清偿说,这种观点认为只要存在承包的债权(工程款)未受清偿,则承包人的优先受偿权成立。[③] 本书赞同债权未受清偿说,认为这种观点符合《合同法》第286条之立法精神。因此优先受偿权的成立是不以工程竣工验收为前提的。那么,债权未受清偿的具体起算时间如何确定?依通说,当事人的权利起算时间应为知道或应当知道权利被侵害时起(《民法通则》第137条)。由于“烂尾楼”的特殊性,此时将“建设工程合同约定的竣工之日”确定为承包人“应当知道权利被侵害时起”并无不当。

(二)工程质量对“烂尾楼”中优先受偿权行使的影响

按照《最高人民法院关于审理建设工程施工合同纠纷案件适用法律问题的解释》第3条、第10条之规定精神,如果经修复的建设工程经验收仍不合格,承包人对工程价款的请求权不予申请。因此,工程质量合格是取得优先受偿权的前提条件。必须说明的是,本书前述的“不以竣工验收为前提”,是指不一定需要以经过竣工验收的形式,取得合格证明后才能提起诉讼,主张优先受偿权。有关工程质量的争议,由双方在诉讼中进行解决。

(三)“烂尾楼”中优先受偿权是否以工程结算为前提

既然工程已经无法继续进行,就没有所谓工程竣工验收,更加谈不上工

---

① 参见梁慧星:《合同法第286条的权利性质与适用》,载梁慧星主编:《民商法论丛》(第19卷),金桥文化出版(香港)有限公司,2001年,第371页。

② 参见王锋、唐作培:《建设工程价款优先受偿权成立时间探析》,载《零陵学院学报》,2002年第4期,第34-35页。

③ 参见王锋、唐作培:《建设工程价款优先受偿权成立时间探析》,载《零陵学院学报》,2002年第4期,第34-35页。

程结算。只是依照承包人之申请，由法院委托具有合法资质的第三人进行核定工程造价，确定优先受偿权之范围。

（四）“烂尾楼”中优先受偿权的行使是否以催告为前提

由于“烂尾楼”纠纷中的建设工程价款无法确定，所以，在“烂尾楼”建设工程价款优先受偿权纠纷中，不存在催告的前提。因此，不需要行使催告制度。

五、关于登记的问题

依照通说，优先权的特殊之一是无须公示，[1] 但废除登记制度引起以下问题：一是第三人无法得知该权利是否存在以及其数额，使第三人的权利处于不稳定状态；二是可能出现发包人与承包人恶意串通，虚构承包人的优先受偿权，以排斥其他权利。[2] 所以，目前不少银行已经暂停办理在建工程抵押贷款业务。依照登记对抗主义设立建筑工程价款优先受偿权的预登记制度，在不动产债权行为成立之后和不动产物权转移前，使该项请求权获得物权的对抗力和排他力，未尝不是各方当事人之间的平衡点。对于此问题的争议，我国台湾地区的做法就是一个很好的例子。我国台湾地区同样有感于不预登记带来的“不测之损害”，在修正“民法典”债编时，增加了登记制度。[3]

六、关于催告的行使

虽然《合同法》第 286 条对于“催告”程序使用了“可以”的字眼，

---

① 参见马俊驹、余延满：《民法原论（第四版）》，法律出版社，2010 年，第 456 页；申卫星：《信心与思路：我国设立优先权制度的立法建议》，载《清华大学学报》2005 年第 2 期，第 65 页。

② 参见张钧：《论建设工程款优先权的成立与登记》，载《当代法学》2003 年第 6 期，第 48 – 50 页；陆峰冰：《试论工程价款优先权的法律定位与立法完善》，载《福建论坛》2003 年第 12 期，第 83 – 84 页。

③ 参见杨与龄：《承揽人法定抵押权之成立与生效》，载杨与龄：《民法物权实例研究》，清华大学出版社，2002 年，第 77 页。

然而从整体分析，此处的“可以”并非承包人的选择权，而是承包人的义务。[①] 催告程序其实并无存在必要，并且已经给承包人行使优先受偿权造成障碍，理由如下：其一，依目前之立法，催告的前提是发包人未按约定支付价款。最终只能以工程结算来判断发包人是否负有付款的义务。在实务中，发包人仅就工程结算一事和承包人争论的时间极有可能超过六个月。那么，承包人的权利行使必然落空。其二，何为“合理期限”，虽然《建设工程施工合同示范文本》中将其定为28天，但法律并无明确规定，也是缺陷之一。其三，比较保证合同中的保证人义务履行和抵押合同中的抵押权的实现方式，均不需要以权利人的催告为前提。

七、优先受偿权的实现方式

根据《合同法》第286条之规定，优先受偿权实现的途径有两种：一是承包人与发包人协议将该工程折价；二是申请人民法院将该工程依法拍卖。然而，无论是折价也好，还是拍卖也好，在实务操作中运行情况并不理想。

（一）折价

承发包之间将工程折价的方式，虽然简便，但存在以下弊端：其一，没有任何机关评判该优先受偿权是否成立，例如建筑合同是否有效成立，工程质量是否合格等等。如果任由承发包人之间进行工程折价，使不成立的优先受偿权得到履行，是对其他债权人合法权益的侵害，况且出现这种情况，属于第三人还以主张撤销权。其二，即使优先受偿权成立，由于缺乏第三人监控，承发包人之间私下折价的行为，无论如何都难以最大程度地实现物的最大价值。其三，承包人与发包人可能恶意串通，将工程低价折给承包人，从而损害第三人的权益，或许认为第三人可以根据《合同法》第74条的规定，以“明显不合理的低价转让财产”为由要求撤销行为，但何为“明显不合理

① 参见赵兰明：《论建设工程优先受偿权》，中国政法大学2005年硕士学位论文，第24页。本研究认为，此种观点堪可赞同，由于“可以”一词容易使人曲解，与法律规则设计的一般术语相背离，建议在以后的立法修正中予以调整。

的低价”同样会令审判者难以掌握。

所以，采取折价的方式作为建设工程价款的实现方式，实则弊大于利。

（二）申请拍卖

由当事人申请拍卖的做法表面上看似乎较具操作性，但实际上与现行《民事诉讼法》是有冲突的。学界对于这申请拍卖有三种意见：[①] 第一种意见认为它属于《民事诉讼法》的特别程序。《民事诉讼法》中的特别程序是针对不同的特殊案件而分别设立的特定程序，如督促程序、公示催告程序。应该说，现行《民事诉讼法》对于拍卖程序并无特别规定。况且适用民事特别程序审理的案件的重要特征是必须不存在民事权益之说，依前所说，优先受偿权是否成立受到种种因素制约。所以，它并不符合设定民事特别程序的条件。第二种意见认为它是《民事诉讼法》的执行程序，《批复》第1条也肯定了这种观点。[②] 这种观点在理论上和实践中均受到严重的挑战，从理论上看，执行机构实施执行必须以生效法律文书为根据，没有生效的法律文书，执行程序不能启动。[③] 将优先受偿权直接申请执行，缺乏的就是生效法律文书，即执行根据。在实践上，直接申请执行将会产生“以执代审”或“自审自执”的现象，严重损害第三人的合法权益。第三种意见认为它属于对物诉讼。这种观点是也是不能成立的：一是申请拍卖程序不是诉讼程序；二是如果存在诉讼，也只能是承包人以发包人为被告提起的诉讼，而不会是以建筑物为被告提出的诉讼，这一对物诉讼的基本构成不相符合。

综上所述，现有的建设工程价款优先受偿权的实现方式都是不可行的。目前，现实中仍然采用先诉讼后执行的传统的一般民事案件的诉讼程序。

---

① 参见李万林：《留置权、法定抵押权、优先权？——关于〈合同法〉第286条的思考》，厦门大学2002年硕士学位论文，第22－28页。

② 参见梁慧星：《合同法第286条的权利性质与适用》，载梁慧星主编：《民商法论丛》（第19卷），金桥文化出版有限公司，2001年，第379页。

③ 参见杨荣馨主编：《民事诉讼原理》，法律出版社，2003年，第680页。

八、关于优先受偿权行使期限的性质

依照多数学者的观点，优先受偿权行使期限的性质是除斥期限，[1] 遗憾的是他们没有详细陈述其理由。本书也持同样观点，但主张对该期限性质的认定应当结合其所保护权利的性质来分析，即除斥期间的客体是形成权，消灭时效（即诉讼时效）的客体为请求权。[2] 由于建设工程价款优先受偿权属于形成权，故其期限性质为除斥期间。

九、关于优先受偿权的抛弃

我国《合同法》第 286 条规定了承包人对建设工程价款享有优先受偿权，但是在实践中，遇到的通常情况是，在缔结建设工程合同时，发包人往往利用自己的强势地位要求承包人签署含有声明预先放弃工程价款优先受偿权的书面文件，以获得银行的授信贷款。此种预先放弃此优先受偿权的现象大量存在，从而致使该制度并未取到明显收效，以致第 286 条被认为是中看不中用的“休眠条款”，致使立法目的难以得到有效的贯彻和实现。鉴于建设工程价款优先受偿权的重要性涉及对第三人权益的严重影响（特别是银行），故学界又对承包人可否预先放弃建设工程价款优先受偿权展开了讨论。

有的学者认为，权利的放弃是当事人意思自治的表现。故事先放弃是可行的；有的学者认为，此优先受偿权的产生完全是基于法律的直接规定，当事人不得预先约定排除优先受偿权的适用，更不能将其无条件地放弃。放弃优先受偿权具有巨大的危害性，不仅不利于保护承包方的利益，而且严重干扰了建筑市场，损害了法律的严肃性和公信力。[3] 建设工程价款优先受偿权可以由承包人在事后放弃，而不能由当事人事前排除其适用，否则，将会违

---

① 参见雷运龙、黄锋：《建设工程优先权若干问题辨析》，载《法律适用》2005 年第 10 期，第 58 页、第 61 页；另见喻石、仲亚励：《建设工程价款优先行使期限之法律文析》，载《江苏经济报》2003 年 9 月 17 日。

② 参见马俊驹、余延满：《民法原论》，法律出版社，2010 年，第 246 页。

③ 何红锋等：《建设工程款优先受偿权放弃的效力探讨》，载《建筑经济》2005 年第 6 期，第 22 页。

背公平合理的原则。诚如《欧洲合同法原则》第4118条规定：“①对欺诈、胁迫或获得充分利益或不公平好处的救济以及未经个别商议的不公平条款宣布无效的权利，不得被排除或限制；②对错误和不正确信息的救济可得被排除或限制，除非此种排除或限制有悖于诚实信用和公平交易。”[①]

第二节　建设工程款优先受偿权与商品房消费者请求权的冲突与解决

最高人民法院《关于建设工程价款优先受偿权问题的批复》［法释〔2002〕16号］（以下简称《批复》）第2条规定：“消费者交付购买商品房的全部或者大部分款项后，承包人就该商品房享有的工程价款优先受偿权不得对抗买受人。”即商品房消费者请求权具有优先性。我国《合同法》第286条规定：“发包人未按照约定支付价款的，承包人可以催告发包人在合理期限内支付价款。发包人逾期不支付的，除按照建设工程的性质不宜折价、拍卖的以外，承包人可以与发包人协议将该工程折价，也可以申请人民法院将该工程依法拍卖。建设工程的价款就该工程折价或者拍卖的价款优先受偿。”即建设工程具有优先受偿权。仔细分析这两条规定，不难发现，二者相互冲突，导致司法实践中产生诸多困惑，做法不一。

一、司法适用中的若干问题

（一）消费者的界定

有学者认为，《批复》规定的“消费者”就是《消费者权益保护法》界定的“消费者”。[②] 但《消费者权益保护法》也未对消费者的范围作出明确的限定，实践有以下问题值得探讨。

其一，法人是否为消费者？肯定说认为“消费者不能仅限于个体社会成

---

① 参见马俊驹、余延满：《民法原论》，法律出版社，2010年，第212、456页。

② 参见陈耀东：《商品房买卖法律问题专论》，法律出版社，2003年，第332页以下；雷运龙、黄锋：《建设工程优先权若干问题辨析》，载《法律适用》2005年第10期，第60页。

员，也应包括法人组织，如事业单位、社会团体等等”。[1] 而否定说认为“消费者是指为满足个人或家庭的生活需要而购买使用商品或接受服务的自然人”。[2] 判断的标准可从“行为之目的”考虑，为自身需要和消费而购买商品房的买受人应认定为消费者；为生产经营购买商品房的买受人就不属于消费者。[3] 所以，本书赞同，法人不属于消费者，其购买商品房的行为也就不在《批复》调整之列。

其二，继受持有人是否消费者？对自然人将购买的房屋转让给另一自然人（即继受持有人）的情形，继受持有人当然享有优先权。但对于法人将购买的房屋转让给自然人（即继受持有人）的情形，该自然人能否享有《批复》中的请求权？有不同观点，从消费者保护法律保护社会弱者的立法宗旨出发，应持肯定态度。[4]

其三，购买多套商品房的自然人是否为消费者？随着社会经济的发展、人们收入水平的提高，二次置业乃至多次置业的现象并不鲜见。实践中存在发展商为获取银行贷款或逃避承包人的优先受偿权，进行虚假购买商品房的现象。此种情形难以识别。这涉及对购买多套商品房的性质认定问题，而《批复》并无限制。如果有充足的证据认定购买行为是虚假的，当然可以驳回其请求权。但二次置业或多次置业者中有很大一部分人购买商品房是为了保值乃至投资增值，如认为其购房目的在于自身的消费似乎难以成立。可从行为目的出发，从购房的套数、必要性、实际使用以及以往房屋交易的记录表现等方面，“凭一般人的社会生活经验，即所谓的经验法则”进行判断。[5]

（二）商品房的界定

其一，商品房是否属于消费品？对这一问题，支持肯定说者占多数，但反对者也能从国外的立法中找到论据。如美国联邦贸易委托员对“产品”的

---

① 参见徐澜波：《消费者和消费者保护法律研究》，上海远东出版社，1995 年，第 84－87 页。

② 参见张严方：《消费者保护法研究》，法律出版社，2003 年，第 121 页。

③ 参见张严方：《消费者保护法研究》，法律出版社，2003 年，第 121 页；雷运龙、黄锋：《建设工程优先权若干问题辨析》，载《法律适用》2005 年第 10 期，第 60 页。

④ 参见张严方：《消费者保护法研究》，法律出版社，2003 年，第 119－120 页。

⑤ 参见梁慧星：《消费者权益保护法第 49 条的解释与适用》，载《人民法院报》2001 年 3 月 29 日。

定义就不包括房屋的买卖和不动产。[①] 从行为目的出发，商品房作为生活消费是其基本职能，并且《最高人民法院关于审理商品房买卖合同纠纷案件适用若干问题的解释》（法释〔2002〕7号）等司法解释已经将商品房列为消费品，商品房应认定为消费品。

其二，办公楼、商铺是否属于《批复》调整之列？商品房有住宅、办公楼（写字楼）和商铺之分，但《批复》未进行区分，也未将某一用途的商品房排除在外。住宅作为消费者赖以生存的消费品，自无疑义。但购买办公楼和商铺显然更多是以生产经营为目的，不应在《批复》调整之列，工业厂房就更不在《批复》保护之列了。[②]

（三）商品房买卖合同的有效性对消费者请求权的影响

《批复》中并未规定商品房消费者请求权是以商品房买卖合同有效为前提条件，在司法实践中仍然存在否定的观点。[③] 消费者的请求权基于商品房销售合同而存在，合同的有效性是合同执行的基础。如果认为商品房买卖合同的效力不是消费者请求权的前提条件，则可能产生发展商与自然人恶意串通，共同制造虚假销售，损害了承包人合法权益的情形，《最高人民法院关于审理商品房买卖合同纠纷案件适用法律若干问题的解释》对其作无效合同之处理。该《解释》第9条规定，买受人因出卖人的原因导致合同无效，可以请求返还已付购房款及利息、赔偿损失，并可以请求出卖人承担不超过已付购房款一倍的赔偿责任，这与《批复》对有效合同下消费者请求权的处理是截然不同的。

（四）对已付款项的界定

首先，关于付款方式的问题，就比较容易产生争议。付款方式可以是现金、转账，也可以是一次性付款、分期付款或按揭付款，付款方式不同，可

---

① 参见张严方：《消费者保护法研究》，法律出版社，2003年，第108－109页。

② 参见张玉珍：《论建设工程承包人优先受偿权——兼论优先权制度》，山东大学2005年硕士学位论文，第29页。

③ 参见马永龙、李燕：《建筑工程优先受偿权法律适用问题探析——从担保法的视角出发》，载《现代法学》2003年第6期，第128页。

能产生司法适用问题，具体表现为：①按揭付款。按揭付款是指消费者以所购房屋向银行抵押取得贷款以支付购房款付款的方式。因此，如果权利发生冲突时，若按揭款已支付发展商，并达到“大部分款项”的幅度，则消费者的优先请求权成立；若消费者虽已申请按揭，但未获批复或尚未付至出卖人，由于按揭款项仍有不能实现之风险，如银行不批准或减少按揭比例，则不能认定该消费者的行为已经达到《批复》的要求。②以房抵债可否认定为已付款项。对以房抵债，有学者认为，“如果认定该自然人通过这种以物抵债协议从一个普通债权人变成《批复》第2条所述的‘消费者’，则无异于承认一个普通债权毫无理由地具有了优于有抵押权甚至有建设工程优先权的债权的地位”。[①] 这种观点值得商榷，一方面，《批复》的宗旨在于保护“消费者”，请求权的优先性是基于其主体之特殊性，而非在于支付方式。另一方面，债权人通过以物抵债的方式取得商品房的所有权后，其身份已经发生了变化，如果该债权人是自然人，则其与其他“消费者”并无实质的区别。此外，债权人通过以物抵债的方式取得房屋的所有权，与一般消费者通过商品房买卖合同取得的房屋所有权无异。

其次，关于“大部分款项”的界定，理论与审判实践中，亦存在不少争议。何谓“大部分款项”？按一般理解为超过50%。[②] 但也有学者认为以交款数额多少决定其权利是否优先是极其荒谬的，既不符合情理，也不符合立法之精神。[③] 以付款多少来决定权利的存废是不合理的。付款49%与付款51%的两种情况真的存在质的区别？付款50%既不属于“大部分”，也不属于“小部分”，其权利又如何保护？消费者请求权的优先保护取决于其身份，而不应取决于支付的数额，对于消费者请求权保护的前提是商品房买卖是否有效成立，以及是否存在被撤销的可能性。

---

① 参见雷运龙、黄锋：《建设工程优先权若干问题辨析》，载《法律适用》2005年第10期，第60－61页。

② 参见雷运龙、黄锋：《建设工程优先权若干问题辨析》，载《法律适用》2005年第10期，第60页。

③ 参见张玉珍：《论建设工程承包人优先受偿权——兼论优先权制度》，山东大学2005年硕士学位论文，第29页。

（五）消费者的请求权的性质

根据《批复》，消费者的请求权有可能优于建设工程价款优先受偿权，但这种优先性指对房屋的所有权有优先性，还是指对收回购房款的优先受偿权呢？对此不乏探讨，有学者认为上述两种权利同时存在。[①] 对于商品房所有权的取得保护，在消费者请求权之列。但若消费者解除合同，其购房款之优先返还权则难以成立。其一，消费者请求权之优先性成立理由之一，在于消费者之权益是生存权益，应优于承包人的经营利益。[②] 其二，优先权的成立在被担保债权的特殊性。这些特殊种类的债权，或基于公共利益所设立的，如司法费用债权；或基于债权人的权益或债务人的需要所设立的，如工人工资。[③] 但通观各国立法先例，没有为消费者所付款项的返还设立优先受偿权。

（六）消费者请求权是否以登记为前提条件

《城市商品房预售管理办法》规定，预售人应在预售合同签订后 30 日内向房地产管理部门办理登记备案。对于办理登记是否为消费者请求权存在的前提，学界同样有肯定说[④]和否定说[⑤]之争议。对这一问题的论述应从权利的性质出发，对于建设工程价款优先受偿权的性质，法律界学者有留置权说、法定抵押权说和优先权说等不同观点，[⑥] 本书采用优先权说。优先权的特征之一是无须公示，[⑦] 建设工程价款优先受偿权无须公示。《批复》第 2 条设立的消费者的请求权更是优先于上述权利，同样应不需以公示为前提。

---

① 参见雷运龙、黄锋：《建设工程优先权若干问题辨析》，载《法律适用》2005 年第 10 期，第 62 页。

② 参见梁慧星：《合同法第 286 条的权利性质及其适用》，载《人民法院报》2002 年 12 月 11 日。

③ 参见陈本寒：《优先权制度的立法选择》，载刘保玉主编：《担保法疑难问题研究与立法完善》，法律出版社，2006 年，第 56 页。

④ 参见刘振环：《建设工程价款优先受偿权司法适用问题研究》，载《浙江万里学院学报》2004 年第 4 期，第 51 页。

⑤ 参见雷运龙、黄锋：《建设工程优先权若干问题辨析》，载《法律适用》2005 年第 10 期，第 60 页；赵建良、黄金华：《试论建设工程承包人优先权》，载《律师世界》2003 年第 11 期，第 20 页。

⑥ 参见马俊驹、余延满：《民法原论》，法律出版社，2010 年，第 461 页。

⑦ 参见马俊驹、余延满：《民法原论》，法律出版社，2010 年，第 456 页。

（七）对拆迁补偿安置房屋的法律保护

拆迁补偿安置房屋与一般消费者购买的商品房存有性质区别。《最高人民法院关于审理商品房买卖合同纠纷案件适用法律若干问题的解释》第7条规定："拆迁人与被拆迁人按照所有权调换形式订立拆迁补偿安置协议，明确约定拆迁人以位置、用途特定的房屋对被拆迁人予以补偿安置，如果拆迁人将该补偿安置房屋另行出卖给第三人，被拆迁人请求优先取得补偿安置房屋的，应予支持。"这一规定是合理的。其一，拆迁补偿安置房屋是原始的、完整的所有权置换，而建设工程价款优先受偿权的性质是优先权。优先权是基于公共利益或债权人的权益或债务人的需要所设立的，但这些设立优先权的立法因素在拆迁补偿安置中均没有影响，故优先权制度在该行为中没有设立的基础。其二，拆迁补偿安置的前提是被拆迁人拥有可供安置的房屋。相比较而言，被拆迁的房屋对被拆迁人而言，更具有生存利益的意义。其三，从不动产特别优先权的顺位秩序看，拆迁补偿安置产生的时间远远早于一般消费者购买商品房的时间，同样早于建筑工程承包合同履行的时间。遵循"时间在先，权利在先"原则，拆迁补偿安置房屋的请求权是理所当然更具优先性。

二、对消费者请求权优先性的疑虑

《批复》出台之后，消费者请求权优先保护的合法性问题引起了较大的争议。持支持观点的学者认为，这项规定保护了消费者的生存利益，是对其弱势地位的一种保护，避免了开发商将其债务转嫁给消费者的情况。[①] 本书持反对观点，其理由如下：

第一，根据《消费者权益保护法》的规定，消费者的权利包括安全权、知情权、选择权、公平交易权、求偿权、结社权、获知权、受尊重权和监督权。但《消费者权益保护法》既未赋予消费者请求权，更未赋予该请求权有

---

① 参见梁慧星：《合同法第286条的权利性质及其适用》，载《人民法院报》2002年12月11日。

优先性，况且还是优于建设工程价款优先受偿权。

第二，消费者的弱势性，是指消费品为满足生活需要在购买、使用经营者所提供的商品或接受服务的过程中，因缺乏有关知识、信息以及人格缺陷、受控制等因素，导致权利在一定程度上被剥夺造成消费者权益的损害，[①]是相对于经营者而言的。在商品房买卖合同中的经营者就是商品房的出卖人即发展商。将消费者与建设工程的承包人相比较其强弱，是缺乏逻辑基础的。

第三，消费者购买商品房的核心基础未必就是生存利益，[②]承包人追讨建设工程价款的行为未必就不是为了生存权益。诚如有的学者提出，承包人的建设工程价款优先受偿权包括建设工程人员报酬优先受偿权和承包人材料款等实际支出费用优先受偿权。前者应属于生存利益，后者才属于承包人的经营利益。不能说消费者的生存利益就一定大于建设工程工作人员的生存利益。如果法律以牺牲某一群体的生存利益来保护另一群体的生存利益，则不符合法律维护公平正义的本质要求。[③]同样不符合优先权制度打破债权一律平等保护的形式公平，追求实质公平和正义的立法理念。[④]

第四，建设工程优先受偿权的实施并不必然导致消费者购房资金用于清偿开发商的债务。优先受偿权的存在至少有两个前提条件：其一，是应收债权（建设工程价款）；其二，是有可供执行的建筑物。对于前者是源于承包人已经投入的人力、物资，后者是承包人提供之劳动及物质的结晶。事实上，优先受偿权的行使是承包人对自己生产劳动的标的物的执行，换言之，即是对自身提供劳动和物质的执行回归，这并不涉及消费者购房资金的使用。

第五，这种做法违背不动产特别优先权的通常顺位秩序。例如，法国法认为，不动产特别优先权以法律规定的日期确定顺位秩序，但这个日期不是

---

① 参见张严方：《消费者保护法研究》，法律出版社，2003 年，第 84 页。

② 参见杨春禧：《论合同法第 286 条承包人权利的性质界分》，载《西南民族大学学报》2004 年第 10 期，第 126 页。

③ 参见张玉珍：《论建设工程承包人优先受偿权——兼论优先权制度》，山东大学 2005 年硕士学位论文，第 28 页。

④ 参见张玉珍：《论建设工程承包人优先受偿权——兼论优先权制度》，山东大学 2005 年硕士学位论文，第 28 页。

登记日期，而是作为成立或产生该优先权的事实发生的日期。除了公益费用（诉讼费用）外，建筑师和承揽人的优先权是第一顺位[①]。而《日本民法典》第325条和331条规定，就同一不动产，特别优先权互相竞合时，其优先权的顺序为：①不动产的保存；②不动产的施工；③不动产的买卖。日本法的观点，同样得到了我国不少学者的认同。[②] 究其原因，在于权利的性质以及优产权事实的发生时间。[③] 然而《批复》的做法，恰好是与上述立法相反。

第六，建设工程价款优先受偿权是我国《合同法》中予以规定的，而《批复》仅为司法解释，以司法解释来确定对抗承包人物权的效力是不妥当的。这样处理是"司法解释立法化"，[④] 也无法"保证理论适用上的逻辑圆满"。[⑤]

三、对两种权利冲突的解决

依据我国现行法律规定，建设工程款优先受偿权确实与商品房消费者的请求权存在冲突，此属于法律解释上的冲突。不妨从法律解释方法的角度运用现行法律制度加以解决。

首先，依登记对抗主义设立建设工程价款优先受偿权的登记制度。虽然无须公示是优先权的重要特征之一，[⑥] 但亦如有许多学者指出的那样，无须公示存在种种问题和弊端，[⑦] 强烈呼吁建立登记制度。[⑧] 依前述，本书不主张

---

① 参见尹田：《法国物权法》，法律出版社，1998年，第502页。

② 参见王利明：《中国物权法草案建议稿及说明》，中国法制出版社，2001年，第522页。

③ 参见张学文：《建设工程承包人优先受偿权若干问题探讨》，载《法商研究》2000年第3期，第103页。

④ 参见胡通碧：《我国台湾地区"民法"承揽人抵押权之修改——兼评祖国大陆合同法第286条和有关司法解释》，载《现代法学》2003年第5期，第64页。

⑤ 参见张玉珍：《论建设工程承包人优先受偿权——兼论优先权制度》，山东大学2005年硕士学位论文，第28页。

⑥ 参见马俊驹、余延满：《民法原论》，法律出版社，2010年，第456页；申卫星：《信用与思路：我国设立优先权制度的立法建议》，载《清华大学学报》2005年第2期，第65页。

⑦ 参见王旭军、梁静：《建设工程款优先受偿权之担保物权有机竞合论》，载《法律适用》2004年第7期，第44页。

⑧ 参见张钧：《论建设工程款优先权的成立与登记》，载《当代法学》2003年第6期，第48－50页；陈峰冰：《试论工程价款优先权的法律定位与立法完善》，载《福建论坛》2003年第12期，第83－84页。

登记为优先受偿权的成立要件，但依登记对抗主义设立建设工程价款的预登记制度，未尝不是制度配置的较优组合，应既可以起到保护作用，也能起到顺位保证作用。[①] 更重要的是，它可以与商品房预售许可证制相结合，避免权利的冲突。

其次，调整取得商品房预售许可证明的条件，根据建设工程价款优先受偿权登记查册结果，将是否存在优先受偿权作为取得商品房预售许可证明的前提条件，只有在没有优先受偿权的情况下，才能办理预售登记，取得商品房预售许可证明。

结合使用上述两项制度，就不会产生建设工程价款优先受偿权的房屋得以预售，当然就不会产生商品房消费者许可权与建设工程价款优先受偿权的冲突了。

① 参见张钧：《论建设工程款优先权的成立与登记》，载《当代法学》2003 年第 6 期，第 50 页。

参考文献

[1] 车辉. 对反担保法律适用问题的思考 [J]. 法律适用，2006 (8)：45 – 47.

[2] 曹亦农. 论保证人的资格要件 [J]. 中南财经大学学报，2006 (6)：104 – 107.

[3] 董一鸣. 独立担保合同法律实务问题探析 [J]. 广西政法管理干部学院学报，2006 (2)：50 – 52.

[4] 郭龙. 试论保证责任 [J]. 甘肃联合大学学报 (社会科学版)，2005 (1)：51 – 54.

[5] 李晓桃. 保证人资格与适格的保证人 [J]. 当代法学，2003 (2)：136 – 138.

[6] 吕疆红. 美国工程保证担保制度的发展与思考——关于我国建立工程保证担保制度的探讨 [J]. 成都理工大学学报 (社会科学版)，2003 (4)：67 – 70.

[7] 张钦瑜. 论工程款的支付保函制度 [J]. 广西政法管理干部学院学报，2004 (2)：64 – 66.

[8] 宋宗宇，温长煌，曾文革. 建设工程合同成立程序研究 [J]. 重庆建筑大学学报，2004 (6)：93 – 98.

[9] 宋宗宇，温长煌，曾文革. 建设工程合同溯源及特点研究 [J]. 重庆建筑大学学报，2003 (10)：87 – 92.

[10] 宋宗宇. 建筑工程招标投标的法律约束力 [J]. 现代法学，2000 (4)：104 – 107.

[11] 王建东. 论建设工程合同的成立 [J]. 政法论坛，2004 (6)：8.

[12] 毛亚敏. 论中标通知书的法律效力及毁标行为的法律责任——兼论我国《招标投标法》及《合同法》的完善 [J]. 政法论坛，2002 (8)：6.

[13] 关保英. 行政审批的行政法制约 [J]. 法学研究，2002 (11)：53 – 74.

[14] 陈本寒. 招标的法律性质探析 [J]. 法学评论，1996 (1)：3.

[15] 张荣芳. 合同风险制度与相关法律制度的比较 [J]. 中国地质大学学报 (社会科学版)，2002 (12)：60 – 63.

[16] 李凡. 建设工程合同中的有关问题 [J]. 人民司法，1999 (11)：4-6.

[17] 王盈盈，贺斌. 论我国对国际建筑合同文本的借鉴 [J]. 政治与法律，2001 (4)：3.

[18] 彭拥兵.《关于审理建设工程施工合同纠纷案件适用法律问题的解释》第2条规定之质疑及完善 [N]. 湖北经济学院学报（人文社会科学版），2007 (9)：107-108.

[19] 陈本寒. 招标的法律性质探析 [J]. 法学评论，1996 (1)：3.

[20] 顾肖荣，杨鹏飞. 正确辨析代理人和工程分包商的民事责任 [J]. 政治与法律，2000 (8)：4.

[21] 马维珍，李爱春. 对《合同法》建设工程合同条款的思考 [J]. 兰州铁道学院学报，2000 (9)：91-93.

[22] 洪祖. 垫资工程抵押合同效力的认定 [J]. 广西政法管理干部学院学报，2001 (12)：115-117.

[23] 宋胜利. 论情势变更原则在建筑工程承包合同中的具体适用 [J]. 河南省政法管理干部学院学报，2003 (2)：157-158.

[24] 黄喆. 德国交易基础理论的变迁与启示 [J]. 法学论坛，2010 (11)：130-135.

[25] 魏济民.《合同法》不该一刀切取消情势变更原则——从一起建筑工程承包合同纠纷谈起 [J]. 法治论坛，2009 (3)：130-135.

[26] 胡启忠. 情势变更案件处理的路径与策略 [J]. 现代法学，2003 (10)：128-133.

[27] 曹守晔. 最高人民法院《关于适用〈中华人民共和国合同法〉若干问题的解释（二）》之情势变更问题的理解与适用 [J]. 法律适用，2009 (8)：44-49.

[28] 田书华. 无效合同制度中的几个问题 [J]. 河北法学，2000 (9).

[29] 王克先. 建设工程合同无效或被撤销时造价纠纷的处理原则 [J]. 河南省政法管理干部学院学报，2003 (2)：158-159.

[30] 杨少南. 论无效合同与诉讼时效的适用 [J]. 现代法学，2005 (4)：92-96.

[31] 陈爱琳. 主合同无效导致担保合同无效后担保人的民事责任——建昊公司诉皇之杰公司、中经公司借款合同纠纷案评析 [J]. 上海政法学院学报，2006 (3)：141-144.

[32] 温世扬. 建设工程优先权及其适用 [N]. 法制日报，2000 (10)：1.

[33] 关永宏. 建设工程承包人的法定优先权辨析 [J]. 华南理工大学学报（社会科学版），2004 (4)：35-38.

[34] 隋卫东，隋灵灵. 建设工程优先受偿权与其他权利竞存的探析 [J]. 法学论坛，2007 (9)：132-135.

[35] 梅夏英，方春晖. 优先权制度的理论和立法问题 [J]. 法商研究，2004 (5)：92-100.

[36] 王旭军，梁静. 建设工程款优先受偿权之担保物权有机竞合论——对《合同法》第286条司法解释的反思 [J]. 法律适用，2004 (7)：43-46.

[37] 梅夏英. 不动产优先权与法定抵押权的立法选择 [J]. 法律适用，2005（2）：49－53.
[38] 李虎. 建设工程担保制度的理论与实证研究 [D]. 杭州：浙江大学，2003.
[39] 林东. 政府代建工程保证担保模式研究 [D]. 大连：东北财经大学，2006.
[40] 倪炜. 工程保证担保运行机制的研究 [D]. 杭州：浙江大学，2002.
[41] 粟敏. 我国工程保险和担保制度研究 [D]. 成都：西南交通大学，2003.
[42] 盛春魁. 工程担保运行机制和适用性研究 [D]. 上海：同济大学，2004.
[43] 张海峰. 我国工程保证担保制度研究 [D]. 北京：北京交通大学，2006.
[44] 万国华. 论招标投标过程中合同成立的时间 [D]. 上海：华东政法大学，2007.
[45] 李广涛. 工程保证担保制度法律问题研究 [D]. 上海：上海交通大学，2007.
[46] 崔凤骥. 合同保证制度研究 [D]. 北京：对外经济贸易大学，2007.
[47] 陈庆慧. 建设工程担保法律问题研究 [D]. 长沙：湖南大学，2008.
[48] 杨松. 建设工程担保体系的实施 [D]. 南京：东南大学，2004.
[50] 李虎. 建设工程担保制度的理论与实证研究 [D]. 杭州：浙江大学，2003.
[51] 周婉. 建设工程施工合同若干问题探讨 [D]. 上海：复旦大学，2009.
[52] 刘卓悦. 论我国建设工程中总承包与分包的连带责任 [D]. 北京：中国政法大学，2007.
[53] 徐宝同. 浅析建设工程施工违法分包的实践认定 [D]. 上海：华东政法大学，2009.
[54] 秦争. 建筑工程黑白合同的法律规制研究 [D]. 北京：中国政法大学，2009.
[55] 胡金辉. 建筑企业欠缺资质签订的施工合同效力研究，北京：中国政法大学，2007.
[56] 杨怡霖. 建设工程合同解除法律探析 [D]. 上海：复旦大学，2009.
[57] 张鹏飞. 建设工程施工合同法定解除权研究 [D]. 上海：上海交通大学，2009.
[58] 蒯化平. 论无效合同及其补正 [D]. 北京：中国政法大学，2004.
[59] 张岩松. 合同无效若干问题研究 [D]. 长春：吉林大学，2004.
[60] 陈喜年. 围绕建筑工程优先受偿权产生的权利冲突及相关问题研究，北京：清华大学，2004.
[61] 周建明. 论民事优先权面临的权利冲突及其规制，北京：中国政法大学，2006.
[62] 孙东雅. 民事优先权研究 [D]. 北京：中国政法大学，2003.
[63] 纪诚. 最高人民法院司法解释研究 [D]. 北京：中国政法大学，2006.
[64] 许翠霞. 违反强制性规定的合同效力研究 [D]. 北京：中国政法大学，2007.
[65] 祁小娥. 我国招标投标法律制度完善研究 [D]. 广州：暨南大学，2010.
[66] 张莹. 我国招标投标的理论与实践研究 [D]. 杭州：浙江大学，2002.
[67] 洪国钦，陈宗坤，曾俊志. 情势变更原则与公共工程之理论与实务——兼论仲裁与裁判之分析 [M]. 台北：元照出版有限公司，2010.

[68] 吕彦彬. 工程契约履约担保制度之研究［M］. 台北：元照出版有限公司，2010.
[69] 王文宇. 民商法理论与经济分析（二）［M］. 台北：元照出版有限公司，2003.
[70] 欧阳胜嘉. 定型化违约金条款之法律问题［M］. 台北：元照出版有限公司，2010.
[71] 黄立主. 民法债编各论（上册）［M］. 北京：中国政法大学出版社，2006.
[72] 祝铭山. 建设工程合同纠纷［M］. 北京：中国法制出版社，2004.
[73] 邓晓梅. 中国工程保证制度研究［M］. 北京：中国建筑工业出版社，2003.
[74] 钟瑞栋. 民法中的强制性规范——公法与私法“接轨”的规范配置问题［M］. 北京：法律出版社，2009.
[75] 沈德咏. 合同法司法解释理解与适用［M］. 北京：法律出版社，2009.
[76] 邱聪智. 新订债法各论（上、中、下册）［M］. 北京：中国人民大学出版社，2008.
[77] 沈德咏、奚晓明. 最高人民法院《关于合同法司法解释（二）》理解与适用［M］. 北京：人民法院出版社，2009.
[78] 何伯洲. 工程合同法律制度［M］. 北京：中国建筑工业出版社，2003.
[79] Keith Collier. 建筑工程合同［M］. 影印版. 北京：清华大学出版社，2004.
[80] 曹建明. 民商审判论坛［M］. 北京：人民法院出版社，2006.
[81] 罗豪才. 人民法院案例与评注［M］. 北京：中国法制出版社，2006.
[82] 黄茂荣. 债法各论（第一册）［M］. 北京：中国政法大学出版社，2004.
[83] 刘锦章. 承包商与融资建造［M］. 北京：中国建筑工业出版社，2007.
[84] 何红锋. 工程建设中的合同法与招标投标法［M］. 北京：中国计划出版社，2008.
[85] 宋宗宇. 建筑法案例评析［M］. 北京：对外经济贸易大学出版社，2009.
[86] 何红锋. 建设工程施工合同纠纷案例评析——最新司法解释下的分析与思考［M］. 北京：知识产权出版社，2005.
[87] 郑超，王守清. 中国对外承包工程案例分析［M］. 北京：中国建筑工业出版社，2007.
[88] 王建东. 建设工程合同法律制度研究［M］. 北京：中国法制出版社，2004.
[89] 耿林. 强制规范与合同效力——以合同法第52条第5项为中心［M］. 北京：中国民主法制出版社，2009.
[90] 弗朗索瓦·泰雷，利普·森勒尔. 法国财产法（上、下册）［M］. 罗结珍译. 北京：中国法制出版社，2008.
[91] 黄松有. 最高人民法院国有土地使用权合同纠纷司法解释的理解与适用［M］. 北京：人民法院出版社，2005.
[92] 古嘉谆，吴诗敏，孙丁君. 工程法律事务研析——营建工程契约条款之比较分析（1－5册）［M］. 台北：元照出版有限责任公司，2009.
[93]［德］海因·克茨. 欧洲合同法（上卷）［M］. 北京：法律出版社，2001.

[94] [德] 迪特尔·梅迪库斯著. 德国债法分论 [M]. 杜景林，卢谌译. 北京：法律出版社，2007.
[95] 李永军. 合同法 [M]. 北京：中国人民大学出版社，2008.
[96] 周吉高. 建设工程专项法律实务 [M]. 北京：法律出版社，2008.
[97] 王建平. 民法学（下）[M]. 成都：四川大学出版社，2006.
[98] 杜景林，卢谌. 德国债法改革 [M]. 北京：法律出版社，2003.
[99] 王旭光. 建筑工程优先受偿权制度研究——合同法第286条的理论与实务 [M]. 北京：人民法院出版社，2010.
[100] 王秉乾，谭敬慧. 英国建设工程法 [M]. 北京：法律出版社，2010.
[101] 邱闯. 国际工程合同原理与实务 [M]. 北京：中国建筑工业出版社，2002.
[102] 蔡志扬. 建筑结构安全与国家管制义务 [M]. 台北：元照出版有限公司，2007.
[103] [德] 迪特尔·施瓦布著. 民法导论 [M]. 郑冲译. 北京：法律出版社，2006.
[104] 尹恬. 法国现代合同法 [M]. 北京：法律出版社，1995.
[105] 黄茂荣. 债法总论（第一、二册）[M]. 北京：中国政法大学出版社，2003.
[106] 周枏. 罗马法原论 [M]. 北京：商务印书馆，1994.
[107] 史尚宽. 债法各论 [M]. 北京：中国政法大学出版社，1999.
[108] 魏振瀛. 民法 [M]. 北京：北京大学出版社，2000.
[109] 史尚宽. 民法总论 [M]. 北京：中国政法大学出版社，2000.
[110] 崔建远. 合同法（修订本）[M]. 北京：法律出版社，2000.
[111] 王泽鉴. 民法总则（增订版）[M]. 北京：中国政法大学出版社，2001.
[112] 黄茂荣. 法学方法与现代民法 [M]. 北京：中国政法大学出版社，2001.
[113] 董安生. 民事法律行为 [M]. 北京：中国人民大学出版社，2002.
[114] 马俊驹，余延满. 民法原论 [M]. 北京：法律出版社，2010.
[115] 陈卫佐. 德国民法总论 [M]. 北京：法律出版社，2007.
[116] 杨立新. 合同法总则（上）[M]. 北京：法律出版社，1999.
[117] 李永军. 合同法 [M]. 北京：法律出版社，2004.
[118] 韩世远. 合同法总论 [M]. 北京：法律出版社，2004.
[119] 周林彬. 比较合同法 [M]. 兰州：兰州大学出版社，1989.
[120] 陈小君. 合同法 [M]. 北京：北京大学出版社、高等教育出版社，2003.
[121] 姚志明. 债务不履行——不完全给付之研究 [M]. 北京：中国政法大学出版社，2003.
[122] 王利明. 合同法研究 [M]. 北京：中国人民大学出版社，2004.
[123] 陈自强. 民法讲义Ⅰ 契约之成立与生效 [M]. 北京：法律出版社，2002.
[124] 李先波. 合同有效成立比较研究 [M]. 长沙：湖南教育出版社，2000.

［125］［意］朱塞佩·格罗索. 罗马法史［M］. 黄风译. 北京：中国政法大学出版社，1994.

［126］［意］彼得罗·彭梵得著. 罗马法教科书［M］. 黄风译. 北京：中国政法大学出版社，1998.

［127］杜景林，卢谌. 德国新债法研究［M］. 北京：中国政法大学出版社，2004.

［128］齐晓琨. 德国新、旧债法比较研究——观念的转变和立法技术的提升［M］. 北京：法律出版社，2006.

［129］武钦殿. 合同效力的研究与确认［M］. 长春：吉林人民出版社，2001.

［130］L. K. Yang. The Law of Guarantees in Singapore and Malaysia［M］. Singapore：Butterworths Asia，1992.

［131］Roeland F. Bertrams，Bank Guarantees in International Trade［M］. Deventer，The Netherlands：Kluwer Law and Taxation Publishers，2004.

后 记

本书在研究建设工程合同的过程中，发现了这样一个现象：从研究资料来看，工程领域和管理领域内的学者投入了很大精力来研究建设工程领域的问题，而法学研究领域尤其是民商法、合同法领域的学者对此关注甚少，即使有所研究，着墨亦甚是吝啬。作为我国合同法优秀的、独有的立法成果，建设工程合同从承揽合同中分离出来，确实是我国立法的一大特色，更符合我国目前的国情；然与合同法总则研究的繁荣相比，建设工程合同的研究或许不值一提，这在研究成果丰硕无比的民商法研究领域实在是难以想象的，或许合同法分则的研究正在中国展开。建设工程合同能从承揽合同中独立出来，根本在于其特殊性和复杂性，一种合同法律关系如果确实特殊性很多，就需要制定更多的特殊性规则，原有合同法总则所设定的规则在其中就难以加以适用，此种合同法律关系就有必要单独调整，建设工程合同亦复如此。本书的研究就是在正视建设工程合同的特殊性基础上入手并加以展开，在研究重心上摒弃了在工程、管理学等领域认为是非常重要的问题，而在法学研究领域实践上不成为问题的研究对象，并参考我国台湾地区对公共工程契约的部分研究成果，结合我国工程建设领域中出现的比较重大的、突出的问题，选取了建设工程合同的成立、建设工程合同的效力、建设工程合同的履行及履约保证和建设工程的违约救济四个环节中较为特殊、争议比较大的部分问题，从规范分析和实证分析的角度开展研究。不可否认的是，本书所作研究，确实未做到面面俱到，也难以同样着墨，只求对我国建设工程合同领域的立法、制度的实施和审判实务工作提出一定的参考意见。

在此种自我评估的基调之下，本书的研究不是就建设工程合同领域所出现的全部问题作简单的分析探讨，而是就司法实践中遇到的重大疑难问题作一个较为深入系统的研究。本书开宗明义地提出对建设工程合同这一典型合同宜重新予以界定，即其为经有关国家机关严格行政审批的、为完成不动产的建造而签订的承揽合同，包括勘察、设计和施工合同。在此基础上，围绕建设工程合同的特殊性与商事性，从法律强制的角度探讨了建设工程合同的成立问题，并检讨我国《招标投标法》的得失；围绕强制性规范的分析，探讨了建设工程合同的效力；结合我国工程建设领域出现的复杂问题，探讨了情势变更原则与履约保证制度在建设工程合同中的适用。需指出的是，关于建设工程合同价款优先受偿权的问题，自《合同法》颁布之后，第286条的规定就饱受争议，学者们对此提出的批评较多，研究著述与文献可以说是整个建设工程合同研究中最为丰富的。建设工程价款优先受偿权不可谓不重要，尤其是对承包人及银行的利益影响甚巨，学者们潜心研究也给本书提供了众多富有价值的成果，受益良多。然若在理论上投入过多笔墨，于实践而言是否多多有益尚存疑问，故本书更多的是从建设工程款优先受偿权的司法适用及其与商品房消费者请求权的冲突两个角度出发，针对实务中出现的棘手问题，提出了一些对策和建议。

本书的研究初衷，源于自身长期实务中遇到的困惑，故以求解己之惑，并希冀能对今后的实务工作有所帮助，借此希望对我国立法与司法实践提供若干参考意见。但真正潜心置身局中后，始觉建设工程合同的问题之繁琐、复杂、艰难的程度，需在《合同法》总则、分则、建设工程合同的特殊性与商事性乃至个案纠纷的细节性与复杂性中来回穿梭思虑，非当初所预料，时常深感力有不逮，分析论证常抱惶恐之心。行文至此，扪心自问，本书的写作也仅仅是对近些年的研究大体有个交代，现有研究顶多是权当今后工作的一个起点，但仍需努力。

张继承

2017年8月于小谷围岛